国家职业技能等级认定培训教材
高技能人才培养用书

茶 艺 师

（基础知识）

国家职业技能等级认定培训教材编审委员会　组编

主　编◎周爱东　缪小丽
副主编◎林晓虹　杨　岳　赵　璟
顾　问◎于良子　朱　澄　周文棠
参　编◎林宇南　朱　敏　蒋蕙琳　韩雨辰　姚静怡
　　　　张玥娟　李晓霞　马淳沂　陆　雪　张　静
　　　　李樱怡　笪　霞

U0304667

机械工业出版社

本书根据《国家职业技能标准 茶艺师》（2018 年版）编写，主要介绍了茶文化基础知识、茶叶知识、茶具知识、品茗用水知识、茶艺基础知识、茶与健康及科学饮茶、食品与茶叶营养卫生等内容。本书配套多媒体资源，可通过封底"天工讲堂"刮刮卡获取。

本书既可作为各级技能等级认定培训机构的考前培训教材，又可作为读者考前的复习用书，还可作为中高职、技工院校茶艺类专业的教材。

图书在版编目（CIP）数据

茶艺师：基础知识/周爱东，缪小丽主编 .—北京：机械工业出版社，2021. 11

高技能人才培养用书 国家职业技能等级认定培训教材
ISBN 978-7-111-69140-2

I.①茶… Ⅱ.①周… ②缪… Ⅲ.①茶艺-中国-职业技能-鉴定-教材 Ⅳ.①TS971. 21

中国版本图书馆 CIP 数据核字（2021）第 184785 号

机械工业出版社（北京市百万庄大街 22 号 邮政编码 100037）
策划编辑：范琳娜 责任编辑：范琳娜
责任校对：孙莉萍 封面设计：刘术香等
责任印制：李 昂
北京联兴盛业印刷股份有限公司印刷
2022 年 1 月第 1 版第 1 次印刷
184mm×260mm · 11.5 印张 · 240 千字
标准书号：ISBN 978-7-111-69140-2
定价：49. 80 元

电话服务　　　　　　　　　　　网络服务
客服电话：010-88361066　　　机 工 官 网：www.cmpbook.com
　　　　　010-88379833　　　机 工 官 博：weibo.com/cmp1952
　　　　　010-68326294　　　金 书 网：www.golden-book.com
封底无防伪标均为盗版　　　机工教育服务网：www.cmpedu.com

 国家职业技能等级认定培训教材

编审委员会

主　任　李　奇　荣庆华

副主任　姚春生　林　松　苗长建　尹子文

　　　　周培植　贾恒旦　孟祥忍　王　森

　　　　汪　俊　费维东　邵泽东　王琪冰

　　　　李双琦　林　飞　林战国

委　员　（按姓氏笔画排序）

　　　　于传功　王　新　王兆晶　王宏鑫

　　　　王荣兰　卜良勇　邓海平　卢志林

　　　　朱在勤　刘　涛　纪　玮　李祥睿

　　　　李援瑛　吴　雷　宋传平　张婷婷

　　　　陈玉芝　陈志炎　陈洪华　季　飞

　　　　周　润　周爱东　胡家富　施红星

　　　　祖国海　费伯平　徐　彬　徐丕兵

　　　　唐建华　阎　伟　董　魁　臧联防

　　　　薛党辰　鞠　刚

序

新中国成立以来，技术工人队伍建设一直得到了党和政府的高度重视。20 世纪五六十年代，我们借鉴苏联经验建立了技能人才的"八级工"制，培养了一大批身怀绝技的"大师"与"大工匠"。"八级工"不仅待遇高，而且深受社会尊重，成为那个时代的骄傲，吸引与带动了一批批青年技能人才锲而不舍地钻研技术、攀登高峰。

进入新时期，高技能人才发展上升为兴企强国的国家战略。从 2003 年全国第一次人才工作会议，明确提出高技能人才是国家人才队伍的重要组成部分，到 2010 年颁布实施《国家中长期人才发展规划纲要（2010—2020 年)》，加快高技能人才队伍建设与发展成为举国的意志与战略之一。

习近平总书记强调，劳动者素质对一个国家、一个民族发展至关重要。技术工人队伍是支撑中国制造、中国创造的重要基础，对推动经济高质量发展具有重要作用。党的十八大以来，党中央、国务院健全技能人才培养、使用、评价、激励制度，大力发展技工教育，大规模开展职业技能培训，加快培养大批高素质劳动者和技术技能人才，使更多社会需要的技能人才、大国工匠不断涌现，推动形成了广大劳动者学习技能、报效国家的浓厚氛围。

2019 年国务院办公厅印发了《职业技能提升行动方案（2019—2021 年)》，目标任务是 2019 年至 2021 年，持续开展职业技能提升行动，提高培训针对性、实效性，全面提升劳动者职业技能水平和就业创业能力。三年共开展各类补贴性职业技能培训 5000 万人次以上，其中 2019 年培训 1500 万人次以上；经过努力，到 2021 年底技能劳动者占就业人员总量的比例达到 25%以上，高技能人才占技能劳动者的比例达到 30%以上。

目前，我国技术工人（技能劳动者）已超过 2 亿人，其中高技能人才超过 5000 万人，在全面建成小康社会、新兴战略产业不断发展的今天，建设高技能人才队伍的任务十分重要。

机械工业出版社一直致力于技能人才培训用书的出版，先后出版了一系列具有行业影响力、深受企业、读者欢迎的教材。欣闻配合新的《国家职业技能标准》又编写了"国家职业技能等级认定培训教材"。这套教材由全国各地技能培训和考评专家编写，具有权威性和代表性；将理论与技能有机结合，并紧紧围绕《国家职业技能标准》的知识要求和技能要求编写，实用性、针对性强，既有必备的理论知识和技能知识，又有考核鉴定的理论和技能题库及答案；而且这套教材根据需要为部分教材配备了二维码，扫描书中的二维码便可观看相应资源；这套教材还配合天工讲堂开设了在线课程、在线题库，配套齐全，编排科学，便于培训和检测。

这套教材的出版非常及时，为培养技能型人才做了一件大好事，我相信这套教材一定会为我国培养更多更好的高素质技术技能型人才做出贡献！

中华全国总工会副主席
高凤林

前　言

中国茶文化的历史源远流长，上肇于神农氏，之后陆续有神仙、名士的传说故事流传于民间，但基本是零散的，不成体系。唐代有陆羽著《茶经》十篇，从源、具、造、器、煮、饮、事、出、略、图十个方面对茶文化知识进行了系统整理。其后，历经宋、元、明、清、中华民国，诸多文人雅士乃至帝王加入到茶文化的研究中来。名家辈出，成果丰硕。

现代茶文化的系统整理始于我国台湾，20世纪50年代，当地的茶人与学者开始研究、复兴中国的茶文化，为区别于日本的茶道，提出了茶艺的概念。20世纪70年代中期，台湾的茶艺开始传入大陆，从那时起，海峡两岸掀起了一股茶文化的潮流。到今天，茶文化已经成为全国性的时尚文化，并且影响着全球的饮茶生活。20世纪90年代，茶艺师的培训及职业技能鉴定在浙江、上海等地率先开展，进而"茶艺师"被正式列入《中华人民共和国职业分类大典》。如今，全国各地茶艺师的培训及职业教育方兴未艾，各个等级的茶艺比赛如火如荼。

茶艺是技能，基础知识则是各级茶艺技能的理论支撑。茶艺师的职业技能从五级茶艺师到一级茶艺师共五个等级。考试是按等级进行的，但在学习的过程中，知识是循序渐进的，也是连贯的，知识与相应的技能互相支撑。为了理论学习的完整性，我们将五个等级的相关基础知识编写在一本书里。这样读者在学习某个阶段知识时，很方便了解知识的前后关联。基础知识涵盖了茶艺师职业道德、茶文化、茶史、茶艺、茶俗、茶具、安全生产等，与茶艺师的技艺、专业素养及日常工作密切相关。

为了使本书的编写更加客观，我们邀请了很多资深的茶艺老师来承担写作任务。周爱东老师编写了"职业道德"和"品茗用水知识"，赵璟和李晓霞老师编写了"茶文化基础知识"，张玥娟和蒋蕙琳老师编写了"茶叶知识"，陆雪老师编写了"茶具知识"，姚静怡老师编写了"茶艺基础知识"，杨岳和缪小丽老师编写了"茶与健康及科学饮茶"，缪小丽老师编写了"食品与茶叶营养卫生"，马淳沂老师编写了"劳动安全基本知识"，杨岳老师编写了附录部分。参加编写的老师还有深圳晓茗道的林晓虹老师；潮州工夫茶文化研究院常务副院长、韩山师范学院林宇南老师，福州大学茶艺指导朱敏老师，重庆商务学院营养学硕士韩雨辰老师等。另外，冯丹绘、张静、李樱怡、笪霞等4位老师参与了书稿的整理工作。老师们来自北京、天津、内蒙古、江苏、四川、重庆、广东、福建、贵州、陕西等地，从内容的普适性来说，基本可以满足我国各个地区茶艺教学的需要。

本书在编写过程中得到了国家职业技能等级认定培训教材编审委员会、扬州大学、西安商贸旅游技师学院、内蒙古商贸职业学院、沈阳师范大学、深圳市鹏城技师学院、重庆工程职业技术学院、吉利学院、南京无由茶文化有限公司、镇江市陆羽茶叶研究所、广东瀚文书业有限公司、山东瀚德圣文化发展有限公司等组织单位的大力支持与协助。书中的视频拍摄得到了北京二商京华茶叶有限公司、北京茶叶博物馆的鼎力支持，部分图片拍摄得到了中茶生活（北京）茶叶有限公司的大力支持。在此一并表示衷心的感谢！

编　者

作者简介

主编

  周爱东，扬州大学教师，从事茶文化与茶艺教学 22 年，国家一级茶艺技师、国家二级评茶技师、茶艺师高级考评员。江苏省茶文化讲师团成员、扬州市作家协会成员、扬州市休闲商会理事、扬州市茶文化艺术协会副会长，多次担任省市级茶艺大赛裁判。在机械工业出版社出版的"国家职业技能等级认定培训教材"中担任编审委员会委员。出版的相关教材及专著有《茶艺赏析》《茶馆经营管理实务》《扬州饮食史话》，并在相关期刊上发表过多篇论文。

  缪小丽，毕业于湖南农业大学茶学系，国家二级茶艺技师、国家二级评茶技师、国家级茶艺师和评茶员考评员。获得"全国技术能手"称号。2020 年被评选为"南京市中青年拔尖人才"、南京市突出贡献技师，获得江苏省第四届茶艺师技能大赛三等奖。2019 年在"武夷山杯"全国首届评茶员技能大赛职工全能组获特等奖第三名，担任镇江市茶艺师职业技能竞赛命题专家。2018 年在江苏省首届评茶员技能大赛中，获全能组一等奖、绿茶组一等奖。

副主编

  林晓虹，浙江大学硕士研究生，国家一级茶艺技师、国家一级评茶技师、国家茶艺竞赛裁判、国家评茶竞赛裁判、国家职业技能鉴定（茶艺和评茶）高级考评员、国家职业技能鉴定督导员、国家茶馆等级评定高级培训讲师。历任国际工夫茶冲泡大赛裁判、国际武林斗茶大会裁判。

  杨岳，1998 年毕业于西南大学，吉利学院专职教师，具备茶艺技师资格。长期从事茶艺教学，自 2011 年起面向各专业学生开设茶艺公选课。中国茶叶流通协会茶文化教育教师工作委员会委员，《中国茶叶行业发展报告》编委，"马连道杯"全国茶艺表演大赛初赛及决赛评委。

  赵璟，西安商贸旅游技师学院高级讲师，陕西省茶业协会副秘书长、茶艺专业委员会委员，西安市咖啡行业协会秘书长，国家二级茶艺技师，国家职业资格鉴定高级考评员，陕西省休闲健康协会茶行业委员会副秘书长，陕西省技术能手，陕西省十佳茶艺师，陕西省十佳茶人，陕西省茶艺大赛评委。

目 录

项目 3
茶叶知识

项目 4
茶具知识

项目5
品茗用水知识

项目6
茶艺基础知识

项目 9
劳动安全
基本知识

附　　录

说明

文中的泡茶视频，只保留了最主要的流程与道具，和文字并不完全一致，特此说明。

职 业 道 德

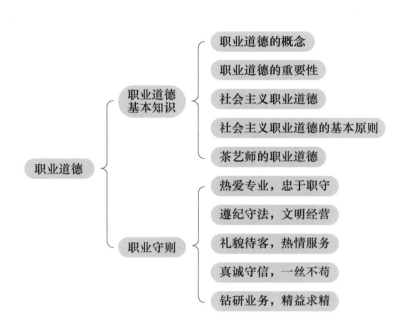

职业道德
├ 职业道德基本知识
│ ├ 职业道德的概念
│ ├ 职业道德的重要性
│ ├ 社会主义职业道德
│ ├ 社会主义职业道德的基本原则
│ └ 茶艺师的职业道德
└ 职业守则
  ├ 热爱专业，忠于职守
  ├ 遵纪守法，文明经营
  ├ 礼貌待客，热情服务
  ├ 真诚守信，一丝不苟
  └ 钻研业务，精益求精

1.1 职业道德基本知识

1.1.1 职业道德的概念

职业道德是所有从业人员在职业活动中应该遵守的基本行为准则，是社会道德的重要组成部分，是社会道德在职业活动中的具体表现，是一种更为具体化、职业化、个性化的社会道德，涵盖从业者与服务对象、职业与职工、职业与职业之间的关系。职业道德既是对从业者在职业活动中的行为要求，又是一个行业对社会所承担的道德责任和义务。职业道德具有行业性、广泛性、实用性、时代性的特征。

职业道德的概念有广义和狭义之分。广义的职业道德指从业人员在职业活动中应该遵循的行为准则。狭义的职业道德指在一定职业活动中应遵循的、体现一定职业特征的、调整一定职业关系的职业行为准则和规范。不同的职业人员在特定的职业活动中形成了特殊的职业关系，包括了职业主体与职业服务对象之间的关系、职业团体之间的关系、同一职业团体内部人与人之间的关系，以及职业劳动者、职业团体与国家之间的关系。

1.1.2 职业道德的重要性

建设良好的职业道德，对于提高服务质量，建立人与人之间的和谐关系，纠正行业的不正之风具有重要作用。

加强职业道德建设是社会主义市场经济发展的客观要求，是企业生存、发展的内在要求。社会规范人的手段有三种：法律、市场与道德。法律是强制性的，必须遵守；市场与个体及企业的利益相关；道德则依靠个人信念来约束人。职业道德解决的是人的职业行为边界，虽然没有实质的约束力和强制力，但是加强职业道德教育，可以增强职业荣誉感，塑造从业者的职业形象，促进茶艺事业的发展。

良好的职业道德既为茶艺师本人的职业形象加分，也为企业的社会形象加分，在利他的同时，也一定能够增加企业的盈利。因为行业职业道德规范，与一定职业对社会承担的特殊责任相关，是多年职业活动中世代相传的道德行为的积淀，是同一行业内多种职业行为规范的共性，与本行业从业者的根本利益一致。

1.1.3 社会主义职业道德

社会主义职业道德的核心是为人民服务。《中共中央关于加强社会主义精神文明建设若干问题的决议》第11条明确指出："社会主义道德建设要以为人民服务为核心，以集体主义为原则，以爱祖国、爱人民、爱劳动、爱科学、爱社会主义为基本要求，开展社会公德、职业道德、家庭美德教育，在全社会形成团结互助、平等友爱、共同前进的人际关系。"在社会主义中国，无论从事何种行业，都没有高低贵贱之分，都是一个普通的劳动者，我们应该对社会有责任感，对职业有使命感和光荣感。为人民服务是社会主义道德的集中体现，既与社会主义生产目的一致，又符合历史唯物主义基本原理。

1.1.4 社会主义职业道德的基本原则

（1）为人民服务的原则　社会主义的一切经济活动、职业活动的宗旨是为了满足人民群众的需要，因为人民是国家的主人，在我们国家，各行各业的人都是平等的。这是社会主义职业的根本性质所决定的。

（2）集体主义原则　我们重视杰出人物在社会、行业以及单位中的重要作用，也要看到，任何一件事的成功都离不开集体的合作。社会主义职业道德要协调个人、集体与社会三者的关系，离开了集体主义，这三之间的矛盾是无法协调的。

（3）主人翁的劳动态度原则　在我国，所有劳动者都是国家的主人，劳动者的主人翁地位是由社会主义制度所决定的，充分认识劳动者的主人翁地位，有利于激发劳动者的积极性。

1.1.5 茶艺师的职业道德

茶艺师职业道德主要从思想品质、服务态度、经营风格、工作作风、职业修养等五个方面规范茶艺师的行为。这五个方面，思想品质是基础，为人民服务是核心，坚定了这个信念，才会有良好的服务态度，经营上才能做到诚实守信，工作上才会有踏实的工作作风。

职业修养包括职业能力、职业审美及与职业相关的知识、技术方面的因素，基本等同于专业技术修养。有过硬的专业技术，才能把思想的高度落实成为工作的精准度和顾客的满意度。在网络时代，知识的更新速度大大超过从前，原本熟练掌握的技术也很可能在两三年内变得陈旧落伍。因此，要想更好地为消费者服务，一个茶艺师必须终生学习。

加强对茶艺师的职业道德教育，是当前行业面临的一个重要课题。大部分消费者对茶叶的品质与价格并不了解。在这个背景下，从业人员如何做到童叟无欺、诚信待人，这与一个茶馆的声誉密切相关。同事之间在工作中应保持和谐，互相帮助。有了良好的工作氛围，才会有良好的服务质量。

一个茶艺师有了优秀的职业修养，再加上以诚待人的工作作风、和谐互助的同事关系，就能给消费者一种安全可靠的职业形象。对于茶艺师来说，为客人推荐性价比高的茶叶，提供优质的茶艺服务，是客人能够感受到的最直接的职业道德。职业修养是可以训练的，作为一名茶艺师，在每日的工作当中，除了为消费者服务，就是抓紧一切时间训练自己的技能，

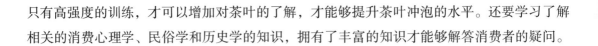

只有高强度的训练，才可以增加对茶叶的了解，才能够提升茶叶冲泡的水平。还要学习了解相关的消费心理学、民俗学和历史学的知识，拥有了丰富的知识才能够解答消费者的疑问。

1.2　职业守则

1.2.1　热爱专业，忠于职守

热爱本职工作是一切职业道德中最基本的道德原则，它要求员工爱业敬业，乐业精业，忠实地履行自己的职业职责，以积极的态度对待自己的职业活动，不断开拓进取，充分发挥自己的聪明才智，在平凡的服务岗位上创造出不平凡的业绩。

热爱本职工作，既表现为对岗位的热爱、对专业的热爱，也表现为与同事的团结合作。无论哪一行，只要是多人共事，就离不开团队合作，必须依靠团队的完美合作才能取得成功。"没有完美的个人，只有完美的团队"，在工作中加强同事之间的沟通，增进了解、互相帮助，只有这样才能出色地完成任务。

1.2.2　遵纪守法，文明经营

法律法规是不能突破的底线，一切经营活动都应当在法律法规许可的范围内进行。茶艺作为食品行业的一部分，食品安全是第一要务，无论是茶馆、茶叶店、酒店还是茶餐厅，都不可以售卖过期、变质的食品；必须保证茶具、餐具及经营场所的卫生状况达标；不得售卖有毒有害食品，不得超范围经营。茶艺师也必须遵守单位的规章制度和操作规程，自觉遵守组织纪律，按时上下班，工作期间不擅离岗位。

君子爱财，取之有道。一个企业的发展必须建立在守法经营的基础上，守法才能保持企业持久的生命力。作为个体的茶艺师更须守法。在经营过程中，茶艺师既代表个人也代表企业，只有严格遵守法律，遵守单位的各项规章制度，才能在职业生涯中不断攀升。

1.2.3　礼貌待客，热情服务

茶艺师都是直接面对消费者的，其服务态度的好坏直接影响企业的形象。热情友好是茶艺服务人员基本的待客之道。在面对消费者时，要用心聆听消费者需求，在职责范围内尽力满足消费者需求。可以给消费者提供专业的消费意见，但是首先要尊重消费者的意见，重视消费者的消费体验感。态度热情，但要适度，不能让消费者产生压力。

与消费者交流时，必须使用礼貌用语，用词规范明确，言辞优雅。如果是外地消费者，茶艺师必须使用普通话，茶艺师相互之间不应该在消费者面前用方言交流。如果有国外消费者，茶艺师应该使用简单的外语与其交流。在工作过程中，要尽可能避免与消费者发生冲突，遇事多从消费者的角度考虑问题，不用否定的句式与消费者交流沟通。

文明礼貌还体现在仪容仪表上。茶艺师的仪容仪表应区别于其他服务人员。不化浓妆、不用香水、不涂指甲、不做怪异发型、不穿奇装异服。举止大方、稳重、动作快捷稳妥。雅致得体的妆容是对消费者的尊重。

1.2.4 真诚守信，一丝不苟

诚信是中华民族的传统美德，是企业生存的根本，也是服务人员最基本的行为准则。茶艺师要做到以下五个方面的要求。

第一，产品不虚假夸大。现在茶叶营销中，有少数商家利用信息不对称进行虚假宣传，如古树茶、大师茶、原产地茶等，造成了市场混乱，也使消费者对商家产生不信任。

第二，信守承诺。在经营中，商家会对消费者做出各种各样的承诺，尤其是充值预售的消费模式。无论是书面承诺还是口头答应给消费者的各种便利与折扣，都应当全部兑现。反过来，如果不能兑现，茶艺师不能为了眼前的营业收入而夸口答应消费者一些不合理的要求。

第三，真实无欺，合理收费。企业在销售过程中，对待消费者应当一视同仁，不能因为消费者的年龄大小、对茶叶了解程度的深浅及经济能力的高低而有差异。在同等消费的情况下，不应让消费者感觉被区别对待。不能因为产品在本地市场的稀缺而标上过高的价格。

第四，诚实可靠，拾金不昧。消费者在店堂参观消费时，常有人不慎将物品遗忘在店里。作为工作人员不应将之据为己有，应想办法联系客人，或者在交班时对下个班次的同事交代清楚，以便客人寻回。

第五，规范服务，有错必纠。在工作中应严格遵守单位的规章制度和操作规程，但这并不能保证不出一点差错。茶艺师在服务时，有可能因知识准备不足而在解说产品的时候误导消费者；有可能因休息不够而将茶水洒在桌上甚至洒在消费者的身上；有可能在销售的时候把账算错；也有可能交谈的言辞冲撞了消费者……遇到类似情况，应主动向消费者道歉，如有经济损失，也应做出相应的补偿。

1.2.5 钻研业务，精益求精

业务能力是职业的基础，没有精湛的业务水平，前面所说的各种皆为空谈。茶艺师的业务水平由茶艺技术和相关的文化知识构成。钻研业务、精益求精，具体体现在茶艺师不但要主动、热情、耐心、周到地接待消费者，而且必须熟练掌握不同茶品的沏泡方法。茶艺技术除了岗前的培训学习外，在工作中用心总结也很重要，因为不同消费者的味觉感受是不一样的，不能用一种僵化的泡茶方法去接待所有的消费者。此外还要多了解时尚饮品，让传统的茶能够被更多年轻人接受。

　　相关的文化知识需要茶艺师在平时有相当多的阅读积累。茶艺不仅仅是一种服务，更是一种文化，是一种生活方式。现代社会茶艺越来越流行，很多消费者不再是茶艺的门外汉，有些甚至很精通茶艺。这一类消费者来到茶馆，除了品茶以外，也常常抱着以茶会友的态度。茶艺师只有通过对相关知识的不断积累，了解古人如何饮茶，了解外国人如何饮茶，了解中国各地区的人如何饮茶，了解年轻人如何饮茶，了解茶树、茶山的情况，这样，在为客人服务和策划茶会活动时，就会得心应手、游刃有余。

复习思考题

1. 什么是职业道德？ 茶艺师的职业道德有什么专业特点？
2. 如何从茶艺师的职业角度出发来理解诚信问题？
3. 如何将职业道德与茶艺师职业技能的提高联系起来？

茶文化基础知识

2.1 中国茶文化

2.1.1 中国茶的渊源

"茶之为饮，发乎神农氏，闻于鲁周公。"传说是神农氏发现了茶，至唐代开始流行到全国，饮茶成为风尚。

1. 我国是世界上最早发现和利用茶树的国家

提到神农氏发现茶，人们每每引用一个传说："神农氏尝百草，日遇七十二毒，得茶而解之。"古代称茶为荼。《神农食经》中记载了茶的功用。《华阳国志》中记载，武王伐纣建立周朝以后，巴蜀地区进贡茶叶以示祝贺。这是史书提到最早利用茶的朝代。以此看来，中国人发现并利用茶树大约在 3000 多年前的周朝。

确切有文字记载的是辞书《尔雅》，书中称茶的名字为"槚"；西汉司马相如的《凡将篇》中称茶的名字为"荈诧"。东汉以后，关于饮茶及茶功用的相关记载就渐渐多起来了。

2. 我国西南地区最早发现野生大茶树

茶树原产于我国的西南地区，我国是野生大茶树发现最多最早的国家。早在三国时期（220—280 年）中国就有关于在西南地区发现野生大茶树的记载。中华人民共和国成立至今，已在云南、贵州、四川、广西、广东、海南、江西、福建、台湾、湖南、湖北等地的 200 余处区域发现野生大茶树和大茶树群落及古茶园，至少发现了茶树品种 132 个，遗存株数以百万计，其中最有代表性的野生大茶树近百株。云南省是现今世界上已发现野生古大茶树资源最集中、面积最大、数量最多、性状最古老的野生型、过渡型、栽培型古茶树群落和茶树王的省份。据不完全统计，目前云南省有 47 个县境内发现有古茶树群落、古茶园和古大茶树，树高在数米至数十米不等的有 130 余处，基部干径 1 米以上的有 42 株，树干直径在 1 米以上的就有 30 株，1 米以下、0.5 米以上有 300 余株。邦崴、巴达山、南糯山等大茶树并列为中国三大茶树王，它们是野生型、过渡型、栽培型茶树王，是我国古茶树最珍贵的遗存，是活文物。

3. 我国是记述茶叶成书最早的国家

《茶经》是全世界现存最早、最完整、最全面的茶叶专著，被誉为茶叶百科全书，为唐代陆羽所著。此书是关于唐代及唐代以前中国茶叶生产的历史、源流、现状、生产技术及饮茶技艺、茶道原理的综合性论著，是划时代的茶学专著、精辟的农学著作、阐述茶文化的经典书。同时，《茶经》作为世界上第一部茶叶专著，曾被翻译成多个国家的语言流传并发行，且至今还有很多中国和世界的专家学者仍在研究《茶经》中的内容。可以说这部书对研究人类茶文化发展史做出了重大贡献。

陆羽的《茶经》约在 780 年成书，全书只有约 7000 字，对唐代及唐代以前有关茶叶的科学知识和茶叶生产实践经验进行了系统的总结，由此可见我国发现和利用茶叶的历史很久远。

4. 世界各国对茶的称谓起源于中国

茶起源于我国，所以在汉语中茶的名称也最多，有"荼""荈""荈诧""槚""榎""茗""皋芦"等，还有一些雅号如"苦口师""涤烦子""不夜侯""森伯""清友""馀甘氏""酪奴"等。

"茶"字由"荼"演变而来，到中唐时期就开始定名为"茶"。但由于中国是一个多民族国家，加之地域辽阔，方言各异，因此同样的一个"茶"字，发音也各不相同，如广州发音为"chá"，汕头、厦门发音为"tè"，福州发音为"tá"，长江流域及华北各地发音为"chai""zhou""cha"等。世界大部分语言中，"茶"的发音一般只有两种：一种发音类似英语的"tea"，西班牙语中的"té"和南非荷兰语中的"tee"；另一种发音类似"cha"，例如印地语中的"chay"。这两种发音都来自中国，原因就要从我国的茶叶向其他国家的传播路线和茶叶输入的起点说起了。中国古代的茶叶传播之路分为两条，分别是陆路传播和海上传播。因此世界各国的人称呼"茶"也分为两种体系。从陆上丝绸之路走的茶叶，所到之处几乎都叫"cha"；而从海路走的茶叶，所到之处几乎都叫"tea"，这是把茶叶运回欧洲的荷兰人所用的说法。

5. 世界各产茶国的茶树都是直接或间接由中国引种的

公元前 2 世纪，西汉使臣张骞便在中亚发现了邛杖、蜀锦和茶叶等来自巴蜀的特产；韩国亦有传说，5 世纪便有伽罗国王妃许黄玉从四川安岳带回茶种在全罗南道种植。通过使臣来访、人员交流、礼尚往来等非贸易渠道，中国茶叶传播海外已有近 2000 年历史，但有文字可考的应在 6 世纪以后。茶最先传播到日本和朝鲜半岛地区。中国茶及茶文化传入日本，是以佛教传播为途径实现的。唐代的日本留学僧人最澄，永贞元年（805 年）八月起程归国，从浙江天台山带去了茶籽，并将茶籽种在其修行的寺院内，从此日本便有了茶。这是中国茶种传向国外的最早记载。828 年，茶又传播到了朝鲜半岛地区。据传 6 世纪中叶，朝鲜半岛已有植茶，其茶种是由华严宗智异禅师在朝鲜建华严寺时传入的。茶叶又经过草原茶路，向北传播至俄罗斯广大的欧洲地区。

著名的茶马古道源于古代西南边疆的茶马互市，兴于唐宋，盛于明清，第二次世界大战中后期最为兴盛。茶马古道向西南，一直将茶叶传播至印度等周边国家。古丝绸之路，将茶叶向西由我国的新疆传播至中亚。中唐以后，中原地区的饮茶习惯向吐蕃和回纥等少数民族聚集的边疆地区传播，客观上为茶向中亚和西亚传播创造了条件。这一时期，居住在中亚和西亚的人们对茶叶有一定的了解。10 世纪时，蒙古商队将茶砖从中国经西伯利亚带至中亚。到元代，蒙古人远征，创建了横跨欧亚的大国，中华文明随之传入，茶叶开始在中亚传开，并迅速在阿拉伯半岛和印度传播开来。明清之际，通过"丝绸之路"形成一条"茶之路"，由商队翻越帕米尔高原，源源不断地把中国茶叶输往各个国家。

1610 年，荷兰东印度公司的荷兰船首航从爪哇岛把中国茶运到欧洲，茶开始向非洲、欧洲、美洲传播开来。

1684 年，德国人在印尼的爪哇试种由日本输入的茶籽，但没有成功，又于 1731 年从中国输入大批茶籽，种在爪哇和苏门答腊，自此茶叶生产在印尼开始发展起来。印度于 1788 年从中国首次输入茶籽，但种植失败。1834 年以后，英国资本家开始从中国输入茶籽，雇用熟练工人，在印度大规模发展茶叶种植，之后又相继在斯里兰卡、孟加拉等国发展茶场。

19 世纪 50 年代，英国在非洲的肯尼亚、坦桑尼亚、乌干达等国开始种茶，至 20 世纪初，茶业在非洲已具有相当规模。

1833 年，俄罗斯在黑海东部的格鲁吉亚种植从中国引入的茶苗，经过 50 多年试验，于 1883 年开始大面积种植，所用茶籽茶苗均从中国湖北羊楼洞运去。20 世纪以后，格鲁吉亚已成为茶叶生产的主要区域。

中国是世界上最早发现、栽培种植及利用茶叶的国家。作为茶树的原产地，中国茶产业与当今世界各主要产茶国有着千丝万缕的关联。甚至可以说，当今世界主要产茶国种植的茶树，都是直接或间接从中国引种栽培的。如果没有中国茶树的向外传播，就不可能形成现在的世界茶叶版图。目前，世界主要产茶国有 60 多个，大多分布在亚洲地区。由于地理位置、气候环境及茶树品种和生产工艺特点的不同，所产的茶叶类型有一定的差异。但不可否认的是，它们都受到了中国茶树栽培种植加工的影响，可以说中国为世界茶树种植做出了重大贡献。

6. 我国是世界上最早加工茶叶的国家

我国茶叶加工历史悠久。在周武王时期，巴蜀就以茶为贡品。三国时期，我国史书中已有用茶叶制茶饼的记载了。早期茶的加工有晒青、捞青等方法。到唐代，蒸青技术成为制茶的主流技术，同时也出现了炒青的技法。再到明代，炒青技法成熟，成为制茶的主流方法，其他如晒青、烘青、蒸青等工艺依然有着自己的市场。我国古代劳动人民在制茶过程中积累了丰富的经验，不断地改进和提高制茶技术，创造了丰富多彩的各类茶叶。目前，我国有绿茶、红茶、乌龙茶、黑茶、白茶、黄茶六大基础茶类，还有花茶等再加工茶，茶叶加工种类之多、工艺之精湛也是世界其他国家无法相比的。

2.1.2 饮茶方法的演变

1. 饮茶起源的三种假说

关于饮茶的起源有三种假说：药用起源说、食用起源说与饮用起源说。

（1）茶的药用 茶的药用价值，千百年来为众多药书和茶书所记载。《神农食经》说："茶茗久服，令人有力、悦志。"正因为茶能治病、提神，所以人们把茶归入药材一类，如司马相如在《凡将篇》中也是把茶与 20 多种药材收录在一起。东汉华佗的《食论》云："苦荼久食，益意思。"这可说是对《神农食经》"荼茗久服，令人有力、悦志"说法的有力证明。

（2）茶的食用　早期主要的饮茶方式是生煮羹饮，人们把茶叶放在锅中煮，煮时要加葱、姜、盐、米粉、茱萸、橘子皮等调配料。这种方法制作出来的是可以充饥的羹汤，看上去像粥一样，也称为茶粥。这种饮法直到唐代初期还比较普遍。今天南方的擂茶、油茶就是这种羹饮的遗存。

（3）茶的饮用　饮用的茶大约在汉晋南北朝时期就出现了，陆羽在《茶经》中称其为痷茶。方法是将茶叶放在容器中，然后冲入开水。陆羽将羹饮的茶与痷茶弃之不用，在煮茶时只加适量盐，称之为煎茶。从此以后，饮用成为茶的主流。

从利用方法上看，旨在提取利用茶叶中的有效成分，这一点与利用纤维果腹的饮食有着本质的区别，而与药物却完全一致。在很长一段时期里，药用起源说最具影响力。吴觉农等人支持药用起源说，但不认为饮茶起源于史前的神农时代，做出了"茶由药用时期发展为饮用时期，是在战国或秦代以后"的推测。需要指出的是，茶的食用、药用、饮用上有交叉性。所以，科学的观点是茶的食用、药用、饮用是相互递进又相互交叉的过程。

2. 中国茶叶制茶方法的演变

中国制茶历史悠久，自发现野生茶树，从生煮羹饮，到饼茶散茶，从绿茶到多种茶类，从手工操作到机械化制茶，期间经历了复杂的变革。各种茶类不同的品质特征，除了茶树品种和鲜叶原料的影响外，加工条件和制造方法也是重要因素。

（1）魏晋采叶作饼　大约在三国时期，人们饮用的茶已由生食生煮及晒干收藏后羹饮蔬食变为饼茶。三国时期张揖《广雅》中就有这样的记载："荆巴间采叶作饼，叶老者，饼成以米膏出之。"人们将采来的茶叶先做成饼，晒干或烘干，饮用时，碾末冲泡，加作料调和做羹饮。从文献记载来看，汉以前乃至三国时期的茶史资料十分稀少，我们无法确定这种饼茶的制作方法，采来的茶叶可能经蒸青或略煮软化压成饼再晒干或烘干亦未可知。

（2）唐代蒸青饼茶　唐代的制茶技术有了很大发展。早期由于采制的茶叶基本没有经过处理，因此制成的茶饼有着很浓的青草味。为了去掉青草味，经过反复的实践研究总结，创造了蒸青制茶法。比较精细加工的蒸青饼茶出现在隋唐时期，是在原始散茶、原始饼茶的基础上发展而来的。陆羽《茶经》中称："饮有粗茶、散茶、末茶、饼茶者。"说明唐代蒸青茶已有四种。

唐代饼茶制茶过程如下。

1）采茶。茶叶的采摘在二、三月间，若遇雨天或晴时多云的阴天都不采，一定等到晴天才可摘采；茶芽的选择，以茶树上端长得挺拔的嫩叶为佳。高质量的茶树多野生于奇岩峭壁上，为了采得佳茗，经常要跋山涉水，耗费大量体力。那时又无采茶工人，茶师通常是自己背着茶笼上山采茶。

2）蒸茶。采回鲜叶放在木制或瓦制的甑中用蒸汽杀青。

3）捣茶。杀青后，趁茶叶未凉，尽速放入杵臼中捣烂，捣得愈细愈好，之后将茶泥倒入茶模。茶模一般为铁制，木模不常用，模子有圆、方或花形，圆形较为常见。

4）拍茶。茶模下置檐布（檐是褶文很细、表面光滑的绸布），檐下放石承（受台），石承一半埋入土中，使模固定不滑动。茶泥倾入模后须加以拍击，使其结构紧密坚实不留缝隙，等茶定型，拉起檐布即可轻松取出，放在竹垫上干透。

5）焙茶。将晾干的茶饼先用棨（锥刀）钻一个洞，再用竹棒将茶饼穿起来，放在小火上焙干。

6）穿茶。焙干的团茶分斤两穿串，可用线贯穿成串，以便储存或携带，饼茶因中间有孔穴，故可穿成一串，较利于运销。

7）藏茶。团茶的储存是件重要的工作，若储存不当，茶味将大受影响。育器是用来贮茶的工具，它以竹片编成，四周糊上纸，中间设有埋藏热灰的装置，可常保温热，在梅雨季节时可燃烧加温，防止团茶因湿气霉坏。

（3）宋元龙凤团茶　龙凤团茶是北宋的贡茶。宋太宗太平兴国二年（977年），特备龙凤之模，在北苑制造团茶，以与民间茶有区别。太平兴国三年（978年），宋太宗遣使至建安北苑（今福建省建瓯市），监督制造一种皇家专用的茶，因茶饼上印有龙凤形的纹饰，就叫"龙凤团茶"。据宋代赵汝砺《北苑别录》记述，龙凤团茶有六道制作工序：蒸茶、榨茶、研茶、造茶、过黄、烘茶。茶芽采回后，先浸泡于水中，挑选匀整芽叶进行蒸青，蒸后用冷水清洗，然后小榨去水，大榨去茶汁，去汁后置于瓦盆内兑水研细，再入龙凤模压饼、烘干。龙凤团茶制作的工序中，冷水快冲可保持绿色，提高茶叶质量，而水浸和榨汁的做法，由于夺走真味，使茶香损失极大，且整个制作过程耗时费工。

（4）明代炒青散茶　明代制茶技术有较大发展，以散茶、末茶为主，唯贡茶沿袭宋制，饮茶保持烹煮习惯，团饼茶仍占相当比例。洪武二十四年（1391年），诏罢造龙团贡茶，让各地采芽茶进贡，团饼茶不再生产。明代时散茶独盛，制茶时杀青由蒸改为炒。作为唐宋时期主导性的"蒸青"制茶法至明代已为"炒青"制茶法所取代，并逐渐成为占主导地位的制茶技术。由于朝廷的诏令，散茶非常盛行，而自明代炒青绿茶广泛推行以后，炒青绿茶的工艺不断改进，各地均有各具特色的炒青绿茶。散茶和绿茶的制茶史，反映了制茶经历了从简单到复杂（生煮羹饮到团饼茶），再从复杂到简单（散茶和绿茶的出现）。绿茶的产生，是茶类发展史上返璞归真的结果。

（5）清代制茶新发展　清代制茶工艺发展迅速，茶叶品类已从单一的炒青绿散茶发展到品质特征各异的绿茶、黄茶、黑茶、白茶、乌龙茶、红茶、花茶等，制茶工艺也有了空前的发展和创新，此时中国已成为世界上具有精湛制茶工艺和丰富茶类的国家。

3. 中国饮茶方法的演变

在中国饮茶史上，曾出现过多种沏茶之法，这与当时所制的茶类及人们的生活习惯有关。煎茶、点茶和泡茶，都是在一定历史时期出现的沏茶之法。

（1）早期的生煮羹饮　鲜叶洗净后，置于陶罐中加水和各种调配料煮熟，连汤带叶食用，这是茶作为饮料的开端。即以茶当菜，煮作羹饮。此时，茶的药用功能开始被人们开发出来，食用茶的目的，一是当食物，二是当药物。《桐君采药录》等古籍中，则有茶与桂姜及一些香料同煮食用的记载。当时人们传说中的神仙，很多都是饮茶的。

（2）唐代的煎茶　唐代时，茶叶多加工成饼茶，饮用时，加调味品烹煮汤饮。饮茶蔚然成风，饮茶方式有较大进步。此时，为改善茶叶苦涩味，开始加入薄荷、盐、红枣调味。陆羽的《茶经》及后来的一些论茶专著，对茶和水的选择、茶器、烹煮方式、饮茶环境和茶的质量研究得越来越细致，逐渐形成了茶道。1987 年，陕西扶风县法门寺发现了唐代地宫，地宫中出土了大量精美的金银器，其中就有一套唐僖宗曾经使用过的茶具，这是目前发现的品级最高、最完整的茶器。

煎茶之前，先将茶饼磨成粉末，然后过罗，筛出的茶叶末存在茶叶盒里备用。煮茶是在风炉上，水加热到水中冒出鱼眼大小的水泡并发出细微的声响，陆羽称之为"一沸"，此时加盐调味；当锅边水泡如涌泉连珠时，陆羽称之为"二沸"，这时用瓢舀出一瓢开水备用，然后用竹筴（竹筷）在锅中心搅动，再将茶末从中心倒进去；锅中的水完全沸腾，陆羽称之为"三沸"，此时要将刚才舀出的那瓢水再倒进锅里，一锅茶汤就算煮好了。最后，将煮好的茶汤舀进碗里饮用。前三碗味道较好，后两碗较差。五碗之外，"非渴其莫之饮"，这就是唐代比较流行的煎茶道。

（3）宋代的点茶　到了宋代，点茶法成为时尚。宋代蔡襄的《茶录》中记载："茶少汤多，则云脚散；汤少茶多，则粥面聚。钞茶一钱七，先注汤调令极匀，又添注入环回击拂。汤上盏可四分则止。"和唐代的煎茶法不同，点茶法是将茶叶末放在茶碗里，注入少量沸水调成糊状，再次注入沸水。或者一次性注入沸水，同时用茶筅迅速搅动，产生丰富而稳定的泡沫。斗茶是一种大家在一起比较茶品质的娱乐活动，蔡襄的《茶录》中介绍了斗茶对茶品质的要求："茶色贵白……黄白者受水昏重，青白者受水鲜明"；"茶味主于甘滑"；"茶有真香"；"瓶要小者易候汤，又点茶注汤又准"；"茶色白，宜黑盏"。宋代分茶又称茶百戏、汤戏，是游戏化的点茶，利用茶筅搅动的手法与冲茶入茶碗中的水脉创造出各种图案。宋代陶穀的《清异录》中记录："馔茶而幻出物象于汤面者，茶匠通神之艺也……近世有下汤运匕，别施妙诀，使汤纹水脉成物象者，禽兽虫鱼花草之属，纤巧如画……"元代的主流茶道基本沿袭了宋代的点茶，没有太大的变化。此外，采芽茶饮用在民间开始盛行开来，为明代的茶道打下了基础。

宋元时期，除了主流的点茶，唐式的煎茶还在隐士中流行，民间饮用的还有七宝擂茶、茶芽做成的茗茶、加果仁的毛茶等。

（4）明代的泡茶　洪武二十四年，朱元璋罢团茶，令各地采制芽茶进贡，饮茶方法也由原来的煎煮为主逐渐向冲泡为主发展。茶叶冲以开水，然后细品缓啜，清正、袭人的茶香，甘洌、酽醇的茶味及清澈的茶汤，更能领略茶天然之色香味品性。明代人在研究泡茶的过程中，陆续总结出绿茶上投、中投、下投三种冲泡方法，总结出温壶温杯与洗茶的冲泡流程，设计出盖碗、紫砂壶等新式泡茶工具。可以说，明代茶道是现代茶艺的先导。

泡茶法使饮茶变得简便，加上明清两代经济的发展，茶馆业在京城、南京、扬州、杭州、广州、成都等大都市迅速发展。从上层社会到底层民间，品茶风气极盛。在福建广东一带，程式化的乌龙茶冲泡方法逐渐成熟，到清代中期也开始被上层社会了解。

2.1.3　中国茶文化精神

1. 茶与传统文学

（1）茶与诗词　中国茶诗萌芽于晋，到唐宋再到今天，诗人吟咏茶的热情丝毫不减。西晋文学家左思的《娇女诗》是中国最早提到饮茶的诗。这首诗用活泼的语言刻画出作者的一双女儿守着茶炉吹火煮水的娇憨天真形象，"心为茶荈剧，吹嘘对鼎䥝"，煮茶是一件多么有趣的事。

茶诗中影响最大的是唐代诗人卢仝的《走笔谢孟谏议寄新茶》，也称为《卢仝茶歌》，因诗中描写了连饮七碗茶的过程，又被称为《七碗茶诗》。全诗如下。

走笔谢孟谏议寄新茶

［唐］卢仝

日高丈五睡正浓，军将打门惊周公。

口云谏议送书信，白绢斜封三道印。

开缄宛见谏议面，手阅月团三百片。

闻道新年入山里，蛰虫惊动春风起。

天子须尝阳羡茶，百草不敢先开花。

仁风暗结珠琲瓃（蓓蕾），先春抽出黄金芽。

摘鲜焙芳旋封裹，至精至好且不奢。

至尊之余合王公，何事便到山人家。

柴门反关无俗客，纱帽笼头自煎吃。

碧云引风吹不断，白花浮光凝碗面。

一碗喉吻润，两碗破孤闷。

三碗搜枯肠，唯有文字五千卷。

四碗发轻汗，平生不平事，尽向毛孔散。

五碗肌骨清，六碗通仙灵。

七碗吃不得也，唯觉两腋习习清风生。

蓬莱山，在何处？

玉川子，乘此清风欲归去。

山上群仙司下土，地位清高隔风雨。

安得知百万亿苍生命，堕在巅崖受辛苦。

便为谏议问苍生，到头还得苏息否。

唐代诗人元稹的《一字至七字诗·茶》又称《宝塔诗》，具有形式美、韵律美、意蕴美，在诸多的咏茶诗中别具一格，堪称一绝。该诗描写了茶与文人、茶与禅的相通缘由，以"洗尽古今人不倦，将知醉后岂堪夸"作结，颂茶叶之功。

一字至七字诗·茶

[唐] 元稹

茶。

香叶，嫩芽。

慕诗客，爱僧家。

碾雕白玉，罗织红纱。

铫煎黄蕊色，碗转曲尘花。

夜后邀陪明月，晨前命对朝霞。

洗尽古今人不倦，将知醉后岂堪夸。

宋代著名的文人几乎都写过茶诗词，其中范仲淹的《斗茶歌》脍炙人口，写作行云流水，一气呵成，首尾呼应，读来酣畅淋漓，艺术再现了宋代民间斗茶场面，也是历代画家们所钟爱的茶文化题材。

和章岷从事斗茶歌

[宋] 范仲淹

年年春自东南来，建溪先暖冰微开。

溪边奇茗冠天下，武夷仙人从古栽。

新雷昨夜发何处，家家嬉笑穿云去。

露牙错落一番荣，缀玉含珠散嘉树。

终朝采撷未盈襜，唯求精粹不敢贪。

研膏焙乳有雅制，方中圭兮圆中蟾。

北苑将期献天子，林下雄豪先斗美。

鼎磨云外首山铜，瓶携江上中泠水。

黄金碾畔绿尘飞，紫玉瓯心雪涛起。

斗余味兮轻醍醐，斗余香兮薄兰芷。

其间品第胡能欺，十目视而十手指。

胜若登仙不可攀，输同降将无穷耻。

于嗟天产石上英，论功不愧阶前蓂。

众人之浊我可清，千日之醉我可醒。

屈原试与招魂魄，刘伶却得闻雷霆。

卢仝敢不歌，陆羽须作经。

森然万象中，焉知无茶星。

商山丈人休茹芝，首阳先生休采薇。

长安酒价减千万，成都药市无光辉。

不如仙山一啜好，泠然便欲乘风飞。

君莫羡花间女郎只斗草，赢得珠玑满斗归。

（2）茶与对联　对联是我国特有的文学艺术形式，是最小单位的独立文学作品，浓缩了汉语的精华。古往今来，文人墨客在与茶结缘的同时，很自然地留下了不少脍炙人口的茶联。唐代白居易诗句中有茶联：琴里知闻唯渌水，茶中故旧是蒙山。此联摘自白居易《琴茶》一诗，"渌水"是古琴曲名，"蒙山"指产于四川的蒙山茶。宋代苏东坡诗句中有茶联：欲把西湖比西子，从来佳茗似佳人。这一对联极有名，尤其下联为众口传颂。清代曹雪芹诗句中有茶联：烹茶冰渐沸，煮酒叶难烧。此联摘自曹雪芹的《红楼梦》，曹雪芹才华横溢，琴、棋、书、画、诗词皆佳，对茶的精通，更是一般作家所不及。一部《红楼梦》，满纸茶叶香，书中言及茶事260余处，足以体现作者对茶的钟爱。

2. 茶与书画艺术

（1）茶与绘画　茶画是中国茶文化的重要表现形式，它反映了不同社会时期人们饮茶的风尚，对研究中国茶文化的发展有着重要意义。

中国最早的茶画是唐代大画家阎立本的《萧翼赚兰亭图》（见图2-1），该画描绘了唐太宗遣萧翼赚兰亭序的故事。画中描绘了儒士和僧人共茗的场面，画面左下有一老仆人蹲在风炉旁，炉上置一锅，锅中水已煮沸，茶末刚刚放入，老仆人手持"茶夹子"欲搅动"茶汤"，另一旁，有一童子弯腰，手持茶托盘，小心翼翼地准备"分茶"。矮几上，放置着其他茶碗、茶罐等用具。这幅画记录了唐代寺院烹茶的情形，包括饮茶所用的茶器茶具，以及烹茶方法和过程。

（2）茶与书法　茶与书法有着天然的联系。古人与客约茶，不免书信往来，若遇书法

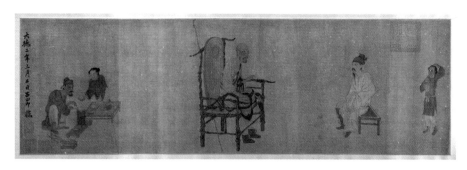

图 2-1　萧翼赚兰亭图

名家，那就是茶事书法相得益彰了。唐代著名狂草书法家怀素和尚的《苦笋帖》（见图 2-2）在书法中是非常有名的，帖的内容是："苦笋及茗异常佳，乃可径来。"笋与茗俱是苦口清心之物，怀素对朋友说我这里苦笋与茶都是极好的，你赶紧来啊！名士之闲适飘逸从语气到书法透纸而出。

北宋著名书法家蔡襄，以督造小龙团茶和撰写《茶录》一书闻名于世。《茶录》一书本身就是一件书法杰作。

（3）茶与歌舞　茶歌有些是文人创作，如卢仝的《走笔谢孟谏议寄新茶》在教坊传唱后改名为《七碗茶歌》。有些是民间创作文人修改，如明代的《贡茶鲥鱼歌》。该歌是韩邦奇根据《富阳谣》的调子改的："富阳山之茶，富阳江之鱼，茶香破我家，鱼肥卖我儿。采茶妇，捕鱼夫，官府拷掠无完肤。皇天本圣仁，此地一何辜？鱼兮不出别县，茶兮不出别都。富阳山，何日摧？富阳江，何日枯？山摧茶亦死，江枯鱼亦无，山不摧，江不枯，吾民何以苏？"与《七碗茶歌》的闲适不一样，这首茶歌控诉了当时的贡茶体制对百姓的盘剥。

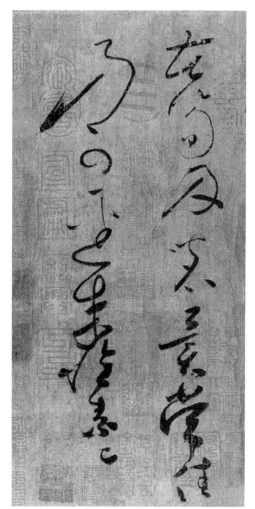

图 2-2　怀素和尚的《苦笋帖》

茶舞主要是流行于南方各省的"茶灯"或"采茶灯"，源于茶农在田间地头辛苦劳作后的娱乐形式，一般由一男一女或一男二女参加表演，主要是表现茶园的劳动生活。李调元的《粤东笔记》便记载了固定的采茶歌舞活动，也称"踏歌"。湘西一带的少数民族，未婚青

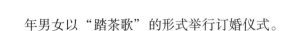

年男女以"踏茶歌"的形式举行订婚仪式。

除歌舞外，我国还有世界上唯一由茶事发展而产生的独立剧种——采茶戏。采茶戏流行于南方各省，尤以江西比较普遍，有江西采茶戏、赣南采茶戏、南昌采茶戏、景德镇采茶戏等多个分支，一般形成于清代中期至末期，形式多为一唱而众和。

除此之外，有关茶文化活动的小说、剧作、影视作品等层出不穷，比如老舍先生的《茶馆》，京韵大鼓特色的歌曲《前门情思大碗茶》等都是优秀的艺术作品，它们都以不同形式诠释了深刻的中华茶文化精髓。

3. 宗教茶文化精神

（1）以茶行道　唐代刘贞亮说："以茶可以行道。"道家在研究茶叶的功效时，也注意到茶叶的平和特性，它具有"致和""导和"的功能，可作为追求天人合一之道的媒介。唐代茶人卢仝用诗的语言描绘了茶对于修炼的功用："一碗喉吻润，二碗破孤闷。三碗搜枯肠，唯有文字五千卷。四碗发轻汗，平生不平事，尽向毛孔散。五碗肌骨清，六碗通仙灵。七碗吃不得也，唯觉两腋习习清风生。"第一碗茶的作用是喉吻润；第二碗茶破孤闷是除烦，卢仝是隐士，一人住山里，孤闷应常有之；第三碗茶说自己空有一肚子学问，这是把牢骚给喝出来了；从第四碗茶开始，就与道士修炼相关了，作为一个修炼之人，应该没有世俗的烦恼，这是修炼的第一阶段，现在喝四碗茶就达到了；第二阶段是身轻体健，现在喝五碗茶就达到了；第三阶段是可以与仙灵沟通，现在喝六碗茶就通仙灵了；第四阶段也是修炼的终极目标——成仙，第七碗茶喝下去，饮茶的人真的就感觉两腋生风成仙了。

（2）以茶开悟　佛教以"普度众生"为宗旨，强调自身领悟，通过坐禅等修行方式，祛除心上的烦恼，教人心胸豁达，从身体的修炼达到精神的升华。茶能使人心静，不乱，不烦，有乐趣，但又有节制；饮茶可以提神醒脑、驱除睡魔，有利于清心修行，并与佛教清规相适应。

4. 儒家茶文化精神

儒家的茶文化贯穿着"穷则独善其身，达则兼济天下"的积极入世精神。

（1）以茶养德　西晋灭亡后，北方的世家大族纷纷南渡，安定下来后，人们就开始反思，总结王朝兴亡的教训。大家认为是西晋权贵的穷奢极欲导致了王朝的覆灭，士人遂皆以俭朴清廉为美德，茶成为人们对抗奢靡风气的工具。

著名的王谢家族的大名士谢安去拜访吴兴太守陆纳，陆纳只是准备了一点茶和果品。他的侄子陆俶不理解又不敢问，于是悄悄准备了丰盛的饭食。等谢安来的时候，陆俶捧出准备好的食物。吃完饭谢安回去了，陆纳非常生气地把他的侄子杖四十，理由是："汝不能光益父叔，乃复秽我素业邪！"无独有偶，同一时期的权臣桓温每日的饮食也是"茶果而已"。南齐武帝临终前下诏，在他灵前不要用三牲为祭，只要放些茶、饼、干肉就可以，并且要求"天下贵贱，咸同此制"。经过这一时期上层社会的提倡，茶成为清廉俭朴的符号。

茶被用来称赞美好的人品。苏东坡的"从来佳茗似佳人"是被人传颂的名句，这里的佳人除了指美丽的女子，也指品行高洁的士人。这种比喻是对屈原"香草美人"情怀的延续。

（2）以茶雅志 魏晋南北朝是茶文化发展的初期，饮茶是当时名士风度的一部分。饮茶不会像过量饮酒那样失仪，所以被看作是一件风雅的事，之后历代诗人及艺术家们的加入更是饮茶雅化的重要原因。

宋人的四般闲事"烧香、点茶、挂画、插花"是雅致生活的典范，这四种雅事也是宋代诗意茶生活的标准配置。古代文人很多是不愿意参与家务、园艺这些劳动的，但在茶事上态度完全不同。古人认为"煎茶烧香，总是清事，不妨躬自执劳"。明代茶人许次纾说最适合饮茶的时机有心手闲适、披咏疲倦、意绪梦乱、听歌闻曲、歌罢曲终、杜门避事、鼓琴看画、夜深共语、明窗净几、洞房阿阁、宾主款狎、佳客小姬、访友初归、风日晴和、轻阴微雨、小桥画舫、茂林修竹、课花责鸟、荷亭避暑、小院焚香、酒阑人散、儿辈斋馆、清幽寺院、名泉怪石，又把清风明月、纸帐楮衾、竹床石枕、名花琪树看作是茶的良友。这些古人用来陶冶性情的雅事佳境，都被茶串联在一起。

（3）以茶礼贤 三国末年，吴主孙皓经常大宴群臣，但他的宠臣韦曜却不能饮酒，于是每次酒筵上，孙皓都让人悄悄为他上茶。东晋王濛喜欢饮茶，并且推己及人，只要来客人都要上茶，一杯接一杯，大家戏称为"水厄"。后来唐代韩翃说："吴主礼贤，方闻置茗；晋臣爱客，才有分茶。"孙皓的以茶代酒与王濛的水厄可以算是中国人以茶礼贤的开始。

在后来的中国社会中，茶通常作为礼贤的符号。给老师的薪水称为茶资，既自歉俸仪菲薄，也表示对老师的尊重。学生入学要给老师奉茶，新人结婚要给父母奉茶，都是表示尊重。推而广之，后来演变为客来敬茶这一中国人最普通的日常礼仪。

2.1.4 中国饮茶风俗

我国地域广阔，人口众多，丰富的地域文化孕育了不同的地域风俗，形成了丰富多彩的饮茶风俗。

1. 汉族饮茶风俗

汉族饮茶习惯清饮，但是不同地区，在饮茶选择上差异明显。我国北方地区，虽很少产茶，但因历史原因饮茶之风盛行，北方人尤其爱用盖碗直接冲泡茉莉花茶饮用。而我国江南地区，则对绿茶情有独钟，尤其追捧每年的明前新茶。福建、广东、台湾等地，工夫乌龙茶备受推崇。除了清饮之外，还会根据个人口味适当加料调饮，例如广东和香港有一种特殊的凉茶，使用各种中草药混合熬制，大多不加茶叶。

（1）客来敬茶，以礼相待　中国素有礼仪之邦的称谓，"客来敬茶"是中国人传统的待客之道，"以茶待客"已经成为中国的普遍习俗。不同地域，不同时期，各地"以茶待客"的方式和习惯又有不同。早年间，北方大户人家素有"敬三道茶"的习俗，初交偶遇之客登门，敬茶三道，一道表示礼节，二道茶助谈兴，三道饮毕告辞，既不耽误主客的时间，也不失高门大户的礼节。江南一带待客时，习惯在茶汤中加入其他食品果料表示各种祝愿与敬意。湖南湘阴人一般都有饭后吃茶的习惯，春节时有客至家，主人沏一罐用茶叶、姜、盐、炒熟的黄豆和芝麻，加上磨细姜丝调配冲开水的"姜盐豆子芝麻茶"，喝干茶水，再嚼食豆子、芝麻和茶叶，茶水滚烫解渴，果料清香可口。还有江苏地区立夏之日饮用的"七家茶"、新年敬客的"果子茶"，寓意吉祥如意、招财进宝的"元宝茶"等，皆是礼敬、友谊的象征。及至现代，以茶会友、客来敬茶、茶叙交流等社交礼节深入家家户户，从社交休闲，到国家邦交都经常出现茶的身影。

（2）婚丧嫁娶，以茶为仪　在婚礼中以茶为礼的风俗，普遍流行于我国大多数民族。有的地方把订婚礼称为"茶礼"，女子受聘称为"吃茶"，订婚、结婚称为"受茶"，订婚的礼金称为"茶金"。很多地方的情歌也跟吃茶有关。

上到皇宫贵族，下至庶民百姓，在祭祀中都离不开清香芬芳的茶叶。茶叶不是达官贵人才能享用的，用茶叶祭扫也不是皇室的专利。我国大多数民族很大程度上保留着以茶祭祀祖宗神灵、用茶陪丧的古老风俗。

（3）长幼有序，敬茶明理　中国人在生活中重视长幼尊卑的秩序，晚辈要给长辈敬茶，弟子给老师敬茶。这些敬茶的礼仪在婚礼、拜师礼中经常可以看到。

2. 西北茶俗

（1）新疆茶俗　新疆北部以畜牧业为主，人们饮食习惯多是两茶一饭。在伊犁地区，当地的妇女习惯在喝完奶茶之后，将剩余的茶渣和奶皮一起咀嚼；新疆南部居民更喜欢喝"香茶"，具体做法是将茯砖茶敲散，放入茶壶内大火烧开，之后加入桂皮、胡椒、丁香等香料细末，搅拌过滤后分给大家喝。他们还因材施用，将当地盛产的葡萄榨成汁后用文火熬开，然后加入茯茶，等到茶汤熬至黏稠后关火，将熬好的茶汤倒入缸内，加入玉米粒后封存。葡萄茶经过 40 天的发酵，呈淡淡的咖啡色，味道酸中带甜，香味十足，因此被视为"琼浆玉液"。

（2）藏族茶俗　藏族主要分布在我国的西藏自治区，云南、四川、青海、甘肃等省的部分地区也有藏族人居住。西藏地势高亢，空气稀薄，气候高寒干旱，当地的蔬菜瓜果很少，藏族人民常年以奶、肉、糌粑为主食，茶是他们用来促进食物消化和补充营养的主要生活饮料。

酥油茶是藏族群众祭神待客的礼仪物。到藏族同胞家中做客，热情好客的主人会拿出家中最好的酥油茶，恭恭敬敬地捧到客人面前，客人不能轻易拒绝，至少要连喝 3 碗，以表示对主人的尊重。喝酥油茶的规矩，一般是边喝边添，每次不一定喝完，但客人的茶杯总要添满；假如客人不想喝，就不要动茶杯，在告辞时再一饮而尽。

制作酥油茶的原料：普洱茶或黑砖茶、酥油、食盐、鸡蛋、捣碎的核桃仁、花生米、芝麻粉等。

3. 满、蒙茶俗

（1）满族茶俗　满族受汉文化影响很深，其宫廷茶宴，富贵精致，满族茶具以瓷器为主。长期居住在东北的满族人喜饮奶茶，奶茶的制法与蒙古族相似。花茶也是满族人常饮用的茶。另外，满族人还有很多自制的非茶之茶，如用春天的柳芽焙制的柳蕾茶，用焦饭做的糊米茶，用野玫瑰叶和黄芪、达子香一起晒干的土茶等。

（2）蒙古族奶茶　蒙古族主要居住在内蒙古自治区及其周边的一些省、自治区，喝咸奶茶是蒙古族的传统饮茶习俗。在牧区，他们习惯于"一日三餐茶"，但吃饭却是"一日一顿饭"。蒙古族制作奶茶的原料：青砖茶或黑砖茶、奶、盐巴。

4. 西南茶俗

（1）白族三道茶　白族散居在我国西南地区，主要分布在风光秀丽的云南大理。白族人热情好客，会用"一苦、二甜、三回味"的三道茶款待客人。第一道茶，称之为"清苦之茶"，寓意做人的哲理："要立业，先要吃苦。"制作时，先将水烧开，再由司茶者将一只小砂罐置于文火上烘烤，待罐烤热后，随即取适量茶叶放入罐内，并不停地转动砂罐，使茶叶受热均匀，待罐内茶叶"啪啪"作响，叶色转黄，发出焦糖香时，立即注入已经烧沸的开水。少顷，主人将沸腾的茶水倾入茶盅，再用双手举盅献给客人。第二道茶，称之为"甜茶"。当客人喝完第一道茶后，主人重新用小砂罐置茶、烤茶、煮茶，与此同时，还得在茶盅内放入少许红糖、乳扇、桂皮等。第三道茶，称之为"回味茶"。其煮茶方法虽然相同，但是茶盅中放的原料已换成适量蜂蜜、少许炒米花、若干粒花椒、一撮核桃仁，茶容量通常为六七分满。饮第三道茶时，一般是一边晃动茶盅，使茶汤和作料混合均匀；一边趁热饮下。这杯茶，喝起来甜、酸、苦、辣，各味俱全，回味无穷。它告诫人们，凡事要多回味，切记先苦后甜的哲理。

（2）土家族的擂茶　土家族主要居住在重庆、贵州、湖南、湖北交界的武陵山区一带，千百年来他们一直保留着一种古老的吃茶法，就是喝擂茶。擂茶制法由来已久，是汉唐时期饮茶法的遗存。擂茶，又名三生汤。此名的由来，说法有二：一是因为擂茶是用生茶叶、生姜和生米三种生原料加水烹煮而成，故而得名；二是传说三国时，张飞曾带兵进攻武陵壶头山（今湖南省常德境内），路过乌头村时，正值炎夏酷暑，军士个个精疲力竭，加之当时这一带正好瘟疫蔓延，张飞部下数百将士病倒，竟连张飞本人也未能幸免。正在危难之际，村上一位老草医因有感于张飞部属纪律严明，对百姓秋毫无犯，为此，特献祖传除瘟秘方擂茶，分给将士。结果，茶（药）到病除。为此，张飞感激地说："这是三生有幸！"从此以后，人们就称擂茶为三生汤了。

（3）怒族盐巴茶　怒族主要分布在云南怒江一带，较为普遍的饮茶方法是盐巴茶。盐巴茶原料为当地生产的紧压茶或饼茶，再加上少量盐巴；茶具是特制的小瓦罐和几只瓷杯。

（4）德昂族酸茶　德昂族主要聚居在云南省德宏傣族景颇族自治州潞西市和临沧地区镇康县，其余散居在盈江、瑞丽、陇川、保山、梁河、耿马等地。德昂族主要从事农业生产，擅长种茶，由于德昂族种茶历史悠久，有"古老茶农"之称。

酸茶是德昂族人日常食用的茶叶之一。在日常劳作时，德昂族人喜欢带一大把酸茶在身边，可放入嘴中直接咀嚼。酸茶又叫"湿茶""谷茶"或"沾茶"，其制作方法是：将采摘下来的新鲜茶叶放入事先清洗过的大竹筒中，放满后压紧封实，经过一段时间的发酵后即可取出食用。酸茶味道酸中微微带苦，但略带些甜味，长期食用具有祛湿散热之功效。在当地集市上可买到酸茶，通常由年长的德昂族妇女出售。当地人称她们为"蔑宁"，在德昂语中，这是"茶妈妈"的意思。

（5）基诺族凉拌茶　基诺族主要分布在云南西双版纳地区，他们的饮茶方法较为罕见，常见的有凉拌茶。凉拌茶是一种较为原始的食茶方法，它的历史可以追溯到数千年以前。此法以现采的茶树鲜嫩新梢为主料，再配以黄果叶、辣椒、食盐等作料而成，一般可根据个人的爱好而定。

（6）苗族虫茶　苗族生产"虫茶"已有200多年的历史。据传清代乾隆年间苗族起义，被清军镇压后逃进深山，因一时无食物充饥，被逼采嚼灌木丛中的苦茶鲜叶。初嚼时苦涩难以下咽，过后却觉回味甘甜，遂大量采摘，并用木桶、箩筐等储存起来。孰料数月后，苦茶枝叶被一种浑身乌黑的虫子吃完，只剩下一些黑褐色、似油菜籽般细小的渣滓和"虫屎"。人们无奈之下，只得将残渣和虫屎抖放进竹筒杯中，冲入沸水，只见顷刻间，泡出的汁水竟香味逼人，饮之觉得清香甜美，格外可口。从此，苗族人便刻意将苦茶枝叶喂虫，再用"虫屎"制成"虫茶"，成为苗寨的一大特色。

（7）瑶族打油茶　瑶族打油茶用的茶叶一般是耐泡的云南大叶茶，制作时，先将锅预热，放适量食用油，待油面冒出阵阵青烟时，投茶叶入锅不停翻炒，稍待片刻，加入适量食盐、芝麻再炒，随后加水盖上盖子，煮沸三五分钟，就可以将油茶连汤带料盛起入碗了。如果这茶要用于宴客或庆典，那么这还不算完，还必须细心配料，将事先准备好的香糯米、花生、玉米花、花椒、糖、盐、芝麻等炒熟，放入茶碗中备好，然后将用油炒焖煮过的茶汤，滤除茶渣，趁热倒入刚才装有各色食料的茶碗。此茶有茶香、有油香，各色食料味齐具，香气浓郁，滋味甘醇，沁人心脾。一旦主妇打好油茶，主人就会请客人入座，奉上油茶和筷子（用筷子是为了食用茶碗中的食料）。

（8）傣族竹筒香茶　傣族主要生活在云南的南部和西南部地区，以西双版纳最为集中。

他们的生活与竹子息息相关，就连喝茶也不例外，竹筒香茶就是傣族人特有的一种茶饮料。傣族喝的竹筒香茶，其制作和烤煮方法，甚为奇特，一般可分为五道程序。

装茶：将采摘的细嫩的、经初加工而成的毛茶，放在生长期为一年左右的嫩香竹筒中，分层陆续装实。

烤茶：将装有茶叶的竹筒，放在火塘边烘烤，为使筒内茶叶受热均匀，通常每隔 4~5 分钟翻滚竹筒一次。待竹筒色泽由绿转黄时，筒内茶叶也已烘烤到位。

取茶：待茶叶烘烤完毕，用刀劈开竹筒，就成为清香扑鼻、形似长筒的竹筒香茶。

泡茶：分取适量竹筒香茶，置于碗中，用刚沸腾的开水冲泡，经 3~5 分钟，即可饮用。

喝茶：竹筒香茶既有茶的醇厚浓香，又有竹的清香，所以喝起来有心旷神怡之感。

（9）哈尼族罐罐茶　罐罐茶的制作并不复杂。如是一家人则茶具为一壶（铜壶）、一罐（容量不大的土陶罐）、一杯（有柄的白瓷茶杯），也有一人一罐一杯的。熬煮时，通常将罐子围放在壶四面的火塘边上，倒入半罐开水，待罐内的水重新煮沸时，放上 8~10 克茶叶，使茶、水相融，茶汁充分浸出，再向罐内加水至八分满，直到茶叶又一次煮沸时，罐罐茶就煮好了，即可倾汤入杯开饮。也有些地方先将茶烘烤或油炒后再煮，目的是增加焦香味。也有的地方在煮茶过程中，加入核桃仁、花椒、食盐之类的配料。但不论何种罐罐茶，由于茶的用量大，煮的时间长，所以茶的浓度很高，一般可重复煮 3~4 次。由于罐罐茶的浓度高，喝起来有劲，口感又苦又涩，好在倾入茶杯中的茶汤每次用量不多，不可能大口大口地喝下去。但对当地人而言，因世代相传，早已习惯。喝罐罐茶还是当地迎宾接客不可缺少的礼俗，倘有亲朋进门，他们就会一同围坐火塘边，一边熬制罐罐茶，一边烘烤土豆、麦饼之类，如此边喝酽茶边嚼香食，可谓野趣横生。当地人认为，喝罐罐茶至少有四大好处：提精神、助消化、去病魔、保健康。

（10）纳西族龙虎斗　纳西族主要居住在风景秀丽的云南省丽江地区。这是一个喜爱喝茶的民族，他们平日爱喝一种具有独特风味的"龙虎斗"。龙虎斗的制作方法也很奇特。首先，用水壶将茶烧开。另选一只小陶罐，放上适量茶，连罐带茶烘烤（为避免茶叶烤焦，还要不断转动陶罐，使茶叶受热均匀）。待茶叶发出焦香时，向罐内冲入开水，烧煮 3~5 分钟。同时，准备茶盅，再放上半盅白酒，然后将煮好的茶水冲进盛有白酒的茶盅内。这时，茶盅内会发出"啪啪"的响声。纳西族同胞将此看作吉祥的征兆，声音愈响，在场者就愈高兴。纳西族居民认为龙虎斗是治感冒的良药，因此提倡趁热喝下。

2.1.5　茶与非物质文化遗产

1. 茶文化非遗保护的意义

根据联合国教科文组织《保护非物质文化遗产公约》中的定义，"非物质文化遗产"包括以下方面：口头传说和表述，包括作为非物质文化遗产媒介的语言；表演艺术；社会风俗、礼仪、节庆；有关自然界和宇宙的知识和实践；传统的手工艺技能。我国茶业发展有3000多年的历史，在这一过程中，出现过的技术、品种、茶器及茶的利用形式都是非常丰富的。随着时代发展，很多技术、文化已经消失或濒临消失，这并非是淘汰进化，它们自然有其研究价值与市场价值。

（1）研究价值　中国南方的油茶与擂茶，就是汉晋时期饮茶方法的遗存。湖南益阳地区做擂茶所用的擂钵与出土的唐代茶臼几乎毫无二致。通过它们，我们可以了解汉晋乃至唐初的饮茶状况。通过这些研究，我们就可以模仿复原古代的饮茶程式，理解古人的生活感受。通过这些研究，我们也可以明白古诗文中所描写的饮茶意境。文化中有我们的传统，茶文化的传统就在这些非遗当中。

（2）市场价值　茶文化非遗在旅游业中有着重要的作用，是吸引游客的体验项目。如擂茶，既是湖南、湖北、广东、福建的民俗茶饮，可以让游客体验一下汉代茶饮的风味，也可以开发出"七宝擂茶"，用在以宋文化为主题的旅游场所。因为在宋代的开封与杭州这样的大都市，七宝擂茶是茶馆里的常销产品。

（3）文化价值　茶文化元素在近些年的影视类文化产品中应用得越来越多。有关唐代的影视作品中要表现唐代人的生活，有关宋代的影视作品中要表现宋代人的生活，准确的茶叶、茶具及饮茶方法是必不可少的。

2. 茶叶类非遗

在我国每批非物质文化遗产名录中，都不会少了茶的身影。六大茶类和再加工花茶的制作工艺赫然在列，茶俗等文化传承形式也逐步跟上。中国主要茶类制作工艺和茶俗文化能够从文化遗产的高度被重视和被保护，这必将为中国茶文化的传承和发展提供有力的保障。

1）绿茶制作技艺：碧螺春、西湖龙井、紫笋茶、安吉白茶、信阳毛尖茶、都匀毛尖茶、恩施玉露、赣南客家擂茶、婺源绿茶、婺州举岩、太平猴魁、六安瓜片。

2）花茶制作技艺：福州茉莉花茶、吴裕泰茉莉花茶、张一元茉莉花茶。

3）红茶制作技艺：滇红茶、祁门红茶。

4）黑茶制作技艺：六堡茶、下关沱茶、赵李桥砖茶、大益茶、千两茶、茯砖茶、南路边茶。

5）白茶制作技艺：福鼎白茶。

6）乌龙茶制作技艺：铁观音、武夷岩茶。

以上是国家级非遗，各省市也推出不同级别的非遗保护。由此可以看出，国家对于茶文化非遗保护是非常重视的，主要茶类多个品种上了保护名录，可以想见，这一名录今后还会再增加。在这些政策的影响下，很多小众的茶叶生产工艺得以保存，保持了我国茶叶生产的多样性。

3. 其他茶相关类非遗

茶俗类有白族三道茶、赶茶场、径山茶宴；茶曲艺类有龙岩采茶灯、高安采茶戏、赣南采茶戏、抚州采茶戏、桂南采茶戏、粤北采茶戏、茶山号子、茶亭十番音乐；茶养生类有灵源万应茶、永定万应茶、九节茶药、凉茶；茶艺类有潮州工夫茶艺；茶器类有龙泉青瓷传统烧制技艺。

非物质文化遗产为我国的茶文化发展带来了福音，我们期待更多的茶文化元素出现在未来国家级的非物质文化遗产的名单之中，为我国的茶文化传承带来生机与活力。

2.2 中外茶文化传播和外国饮茶方式

2.2.1 茶的外传及影响

1. 茶外传的路径

我国茶叶外传的路径有三条：一是边茶贸易；二是丝绸之路；三是海路。

（1）边茶贸易　边茶贸易包括两大块：茶马贸易与榷场贸易。

中唐以后，汉族周围的少数民族饮茶已经成了民俗需要与生活需要，他们对茶的需求日益上升，这使得边茶贸易的地位逐渐提高。《封氏闻见记》卷六《饮茶》中记载："回鹘入朝，大驱名马，市茶而归。"这是边茶贸易的最早记载，后来被欧阳修抄入《新唐书·陆羽传》。回鹘是唐代西北非常强大的游牧民族，他们来到长安朝见唐皇时带着很多战马，来长安换茶而归。回鹘再向西就是中亚地区了。所以，他们很有可能把饮茶习俗传到过中亚地区。

唐代的茶马贸易没有形成定制，到了宋代，边茶贸易提高到了军国大计的位置上。到宋神宗熙宁七年（1074 年）被确定为一种政策。从此直至清代，茶马贸易都是朝廷的重要国策。宋代的茶马贸易对象主要是北方的辽、金、西夏、蒙古和西方的蕃部，这一时期茶马贸易进入稳定期，在宋真宗咸平元年（998 年）茶马贸易真正形成制度，朝廷也设了专门的茶马司，还出现了"马价茶"一词。"马价茶"堪称茶马互市的标志物。宋代的茶马贸易也影响到明清两代，尤其明代，湖南安化等地的黑茶与黄茶一直是茶马贸易的畅销品。

西夏及辽代的茶叶基本不会通过茶马贸易获得，只有通过榷场贸易及宋朝廷的赔偿和赏赐。榷场是边界上的交易市场，在这里茶叶是北方国家采购的主要商品。辽、金、西夏都是宋代人在榷场里的主要交易对象，他们买了茶以后，有可能再向周围地区传播。比如西夏在得了宋朝廷赏赐的大量茶叶后，就曾拿来与其周边的部落交易。

（2）**丝绸之路** 西汉张骞开通横贯东西、连接欧亚的商贸通道以后，中国的茶叶、丝绸、瓷器等商品从西安出发，经甘肃，过新疆，直达中亚、西亚、南亚直至欧洲，为中欧间文化交流、商贸往来做出了巨大贡献。茶及茶文化便从陆上丝绸之路传播到中国的众多接壤和邻近国家。中亚国家，包括哈萨克斯坦、乌兹别克斯坦、吉尔吉斯斯坦、土库曼斯坦、塔吉克斯坦等国，历史上曾是古代西域的一部分，由于地处陆上丝绸之路要道，受华夏饮茶文化影响较深，所以饮茶历史较早，达千年以上。

15世纪初俄国人就知茶、识茶和饮茶。1638年，俄国沙皇的使者瓦西里·斯达尔科夫奉命出使奥伊拉特蒙古阿尔登汗。瓦西里·斯达尔科夫回国时，可汗回赠的礼物中就有200包茶叶。经过沙皇御医的鉴定，认为茶可以治疗痛风和感冒，于是从沙皇到贵族都把茶叶当作治病的药物。从此，茶便进入俄罗斯贵族家庭。1679年，中俄签订向俄罗斯供应茶叶的协议，但在17~18世纪时的俄罗斯，茶还是典型的"城市奢侈品"，饮用者局限于上层社会的贵族。18世纪末，茶叶市场从莫斯科扩大到外沿地区，19世纪初饮茶之风在俄国各阶层开始盛行。

（3）**海路** 茶叶向南传播到与中国南部接壤或南部近邻国家，主要是南亚和东南亚国家。其中，少数国家虽为岛国，如斯里兰卡、印度尼西亚等，但它们与中国是近邻，同处亚洲，这些国家的茶往往是通过陆路与海陆并进传入的。

朝鲜半岛（通常指朝鲜和韩国）和日本地处东北亚，与中国是近邻。一般认为，中国茶及茶文化最早通过海路向外传播是从朝鲜半岛和日本开始的。它始于南北朝时期，当时佛教兴起，饮茶之风流行，茶便随着佛教传入朝鲜半岛和日本。据朝鲜史籍《三国遗事》记载，朝鲜半岛全罗南道智异山华岩寺就有种茶记录，这比中国茶传播到日本要早200余年。据传，652年新罗善德女王时期遣唐使就从中国带回茶籽，植于地理山。日本来唐朝学习的留学僧人最澄、空海及永忠在805年和806年先后回国，他们不仅带回了经文与禅宗，还带回中国茶种以及茶的栽制和饮茶技艺，开启了日本禅林种茶、饮茶的先河。

把茶首先带到欧洲的是葡萄牙人和荷兰人。葡萄牙以其先进的航海技术于1514年首先打通了葡萄牙至中国的航路，在澳门开始和中国进行海上贸易。起初是进行丝绸和香料交易，不久，葡萄牙人将茶叶运回里斯本，开始了茶叶贸易。然后，荷兰东印度公司的船只将茶转运到法国、荷兰和波罗的海沿岸各国。

2. 茶种与制茶法的输出

（1）**向东北亚的输出** 朝鲜半岛与日本在隋唐时期从中国得到了茶树的种子，也从中国学习了制茶方法。唐代末年，日本从中国引入茶树。宋元时期，日本继续将中国树种引入。在中国茶种的基础上，日本培育出自己的品种，主要是薮北种和丰绿种，丰绿种常见于九州南部，薮北种则在全国占有率最高（约占83%）。日本茶树还有皋芦种，皋芦在唐代曾是中国南方的茶叶名，现代汉语中已经不用了。

日本全国现有茶园面积 5 万公顷，总产量 8.98 万吨，茶农约 24 万户，主要分布在静冈、鹿儿岛、三重等县。日本茶叶多用蒸汽杀青，再在火上揉捻焙干，或者直接在阳光下晒干。这样茶色可保持翠绿，茶汤清雅圆润。依据档次不同分为玉露、玉绿、抹茶、番茶、煎茶、焙制茶、玄米茶等。这些茶的香气、味道、口感又各有不同，喝的场合也有讲究。制茶方法基本沿袭了中国明代以前的方法。近年来，日本也开始模仿中国的乌龙茶工艺来生产乌龙茶，但因为消费习惯的缘故，并没有量产。

（2）在东南亚的传播   19 世纪后期，中国茶的种植与红茶、绿茶加工技术传入印度，很多地方开始试种，但只有在大吉岭种植成功。罗伯特·福琼于 1843—1851 年多次来中国茶区探访，不仅弄清了红茶与绿茶不是品种差异而是制茶工艺不同所致，还从茶区摘到 500 多千克茶种，并物色 10 余位制茶熟练技工。中国熟练茶工的指导，最终有力地推进了印度茶业发展。大吉岭位于印度东北的喜马拉雅山麓，气候与土壤都适合种植茶叶，是全世界海拔最高的茶区。大吉岭红茶茶水色清淡，略显金黄，味道带有果香而浓郁，俗称"香槟红茶"，与印度阿萨姆红茶、中国祁门红茶被称为世界三大高香红茶。1823 年，东印度公司的罗伯特布鲁士在阿萨姆地区发现了野生的茶树。1838 年，英国人将第一批在阿萨姆生产的 12 箱茶叶运回英国，大约 20 年后，阿萨姆的茶叶生产走向正规。阿萨姆的自然条件与中国不同，对茶树品种和红茶的加工方法造成了一定的影响。英国人对中国的制茶方法做了改进，建立起自己的茶叶生产系统，可以大量生产品质恒定的红茶。与中国红茶相比，这些红茶的苦涩味较重，不太适合清饮，更适合加糖加奶，显然这是符合欧洲人饮食习惯的。

斯里兰卡于 1824 年引进中国茶树种，1839 年引进阿萨姆茶树，但从 1869 年才开始正式大面积种植茶树并生产红茶。英国人詹姆斯·泰勒被誉为斯里兰卡红茶之父。斯里兰卡全年都生产茶叶，每年生产茶叶约 25 万吨，主要品种有乌瓦红茶、迪不拉红茶、努瓦纳艾利红茶。每年的 2~3 月采制的努瓦纳艾利红茶汤色呈淡淡的橘黄色，具有近似于大吉岭红茶的口感。

（3）在其他地区的传播   清雍正六年（1728 年）中俄签订《恰克图条约》，确定祖鲁海尔、恰克图、尼布楚三地为两国边境通商口岸。武夷茶等便由福建下梅、赤石启程，经分水岭，抵江西铅山河口，入鄱阳湖，溯长江到达汉口，后穿越河南、山西、河北、内蒙古，从伊林（今内蒙古自治区二连浩特市）进入蒙古，再穿越沙漠戈壁，经库伦（今乌兰巴托）到达蒙俄边境的通商口岸恰克图，并从恰克图向俄罗斯境内延伸，再到达欧洲其他国家。这就是连接中俄的"万里茶路"。因为对茶的巨大需求，俄罗斯人 1814 年开始尝试种茶。1833 年俄罗斯从中国购买茶籽、茶苗，栽植于格鲁古亚的尼基特植物园，后又扩展其他植物园，依照中国工艺制造茶叶。

南美洲的秘鲁开始种茶是日本人的功劳。日本明治维新以后，有很多人移民南美，他们定居下来以后就开茶园，建茶庭。所以，今天南美洲的茶叶生产与日本人有很大关系。

早在明代时，随着郑和"七下西洋"，饮茶之风也带进了东部非洲。但在此后较长的时代里，东非以及南非各国饮茶风俗受西欧影响较深，特别是受英国饮茶习俗影响最深。20世纪开始，英国又开始在东非各国发展茶叶生产，诸如肯尼亚、乌干达、坦桑尼亚等国都有茶树种植，成为新兴的红茶生产国。而西非和北非种茶更晚些，在20世纪60年代以后才发展起来。可见，非洲是一个新兴的产茶地区，茶叶大面积种植只有200多年历史。

3. 被茶改变的世界

在茶传到欧洲之前，欧洲人主要的饮品是酒，大家沉浸在酒的世界里，自从引进茶以后，很多人才开始以茶代酒。由茶演绎而生的饮茶文化，历来是中华民族与海内外进行经济、政治、文化交流的重要载体，茶有"亲善饮料"之誉。如今，起源于中国的饮茶文化早已在世界五大洲生根开花，在中国，茶已成为国饮。茶是全球三大传统饮料（茶叶、咖啡和可可）之首，已成为仅次于水的一种最大众化、最有益于身心健康的绿色饮料。饮茶在发展进程中又形成了博大精深、雅俗共赏的世界饮茶文化，蕴含了世界各民族的文化特色，体现了人类共同的文明，并在全球范围内形成了各具特色的饮茶文化。

（1）欧洲的茶风尚　早期，茶进入欧洲时，以具有广大疗效的神秘饮料现身，价格昂贵，只有豪门富商才享用得起。英国皇室成员对茶的狂热追捧，使茶在英国被誉为尊贵之饮，为饮茶塑造了高贵的形象。法国在17世纪下半叶，出现了大量介绍中国茶好处的宣传册，丹麦国王的御医菲利普·西尔威斯特·迪福和佩奇兰，还有巴黎医生比埃尔·佩蒂是主要的倡导者，并且出现了很多文章、论文和诗颂扬这种饮料的好处。一个崇拜者把它称为"来自亚洲的天赐圣物"，是能够治疗偏头痛、痛风和肾结石的灵丹妙药。法国对饮茶的最大贡献是发明了奶茶冲泡方法，由于不习惯茶的独特苦涩味，法国人是欧洲"奶茶"的先行者。他们往茶水中添加鲜奶、果汁和糖，使茶变得甜酸。而与英国人习惯在家中饮茶不同，法国人更喜欢在外面的茶室、餐厅饮茶，这推动了法国茶馆业的兴旺。旅馆、饭店、咖啡厅的下午茶往往加入牛乳及白砂糖或柠檬。在欧洲茶风的弘扬中，首先必须提到1662年嫁给英国国王查理二世的葡萄牙公主凯瑟琳，人称"饮茶皇后"。随着饮茶风俗在葡萄牙的流传，凯瑟琳早已迷上饮茶。她虽不是英国第一个饮茶的人，却是带动英国宫廷和贵族饮茶风气的先行者。她的嫁妆里有大量中国茶和中国茶具，很快在伦敦社交圈内形成话题并深获喜爱。自此，饮茶在英伦三岛迅速成为风尚。

（2）茶与美国的独立战争　美洲饮茶最早的是当时的荷属新姆斯特丹人（纽约人），时间大约在17世纪后期，但是情况很快起了变化。1773年12月16日，装有茶叶的三艘英国船停泊于波士顿港口。为反对英皇乔治每磅3便士的苛税，有90多名波士顿市民（一部分扮作土著人）登到船上，将所有 342 箱茶叶全部倒入海中，此举成为举世闻名的波士顿抗茶会的爱国壮举。这就是举世震惊的"波士顿倾茶事件"。此后不久，美国独立战争便开始了。经过 8 年的斗争，美国正式脱离了英国的管辖，独立为美利坚合众国。美国人虽不像英国人那样喜欢饮茶，但是美国人对现代饮茶习俗的流行影响很大。美国人发明了袋泡茶，使饮茶变得简单，人们饮茶不再需要高级的茶具，也不需要各种复杂的工具，只用一个杯子就可以享受茶。

2.2.2　外国饮茶风俗

1. 亚洲国家饮茶习俗

（1）日本茶道　日本高僧最澄和尚到中国学佛求法，805 年回国时带去茶籽在日本播种，在之后的嵯峨天皇弘仁年间，饮茶风气在上层社会传播。南宋时日本高僧荣西禅师在中国学到了茶的加工方法，还将优质茶种带回日本传播。他于 1211 年写成了日本第一部饮茶专著《吃茶养生记》，饮茶在武士阶层中开始流行。

明代时，中国的散茶淹泡法传入日本，称为煎茶，也有相当一批爱好者。所以我们今天说日本茶道包括抹茶道与煎茶道，正宗的日本茶道指的是抹茶道。抹茶是把茶的生叶蒸青之后干燥，然后弄碎，挑掉筋脉，把经过筛选的叶肉片，放在石磨上碾成极细的茶粉，就是抹茶。抹茶分为浓茶和薄茶。使用芽的部分多的原料所制成的茶，特别称之为"浓茶"，甘味很强，苦味少，尤其是老木的嫩芽制成的抹茶，颇受茶道界欢迎。其他的抹茶就称为"薄茶"，一服的用量约比 2 克少些。浓茶的用量则约为薄茶的三倍。将末茶（粉末状茶）放入碗中，注入熟汤，以茶筅搅拌至茶水交融，即末茶很均匀地调和在水中，然后一起喝下。这种饮用方法与中国宋元时期点茶很相似。煎茶则是将茶叶放入茶壶等容器中，在茶叶上注入熟汤，或者把茶叶投入熟汤之中饮用。在日本茶道中品茶分"轮饮"和"单饮"两种形式。轮饮是客人轮流品尝一碗茶，单饮是宾客每人单独喝一碗茶。饮茶完毕，按照习惯，客人要对各种茶具鉴赏一番。

（2）韩国茶礼　韩国与中国一衣带水，文化传承中相似的东西很多，尤其儒家的礼制思想对朝鲜半岛影响很大。饮茶在朝鲜半岛已有 1000 多年的历史。传说在善德女王（632—647 年在位）时代，朝鲜半岛就接受了中国的饮茶习俗。兴德王三年（828 年）12 月，新罗派遣使者入唐朝贡，在回国时，带回了茶树种子，后在朝鲜半岛种植茶树。早在新罗时期，在朝廷的宗庙祭礼和佛教仪式中就运用了茶礼。918 年，王建建立高丽王朝（918—1392年），将茶礼贯彻于朝廷、官府、僧俗等各个社会阶层，成为国家的礼仪之一，主要形式有佛茶礼与高丽五行献茶礼。礼是制度，是仪式，公主出嫁、王子大婚或是国家重要的祭祀都要用茶礼。直到今天，普通百姓家中的祭祀也称为茶礼。由于地理条件不许可，朝鲜半岛的茶叶种植很少，饮用茶叶只能从中国进口，茶叶价格很高，只在贵族中间流行。这样一来，很多茶礼其实很少用到茶叶，往往以酒来代替茶，因此传统的朝鲜茶礼并不具有生活性。

近年来，韩国很多个人及团体加入了传统文化的挖掘保护，有不少学者、僧人成立了茶文化研究组织，参考日本与中国的茶道茶艺内容，重新设计了茶礼的仪式并用于生活中。在茶叶之外，朝鲜发展出了很多非茶之茶，已经达到无物不能入茶的程度。比较常见的是五谷茶，像大麦茶、玉米茶等。药草茶有五味子茶、百合茶、艾草茶、葛根茶、麦冬茶、当归茶、桂皮茶等。水果几乎无一例外都可以制成水果茶，包括大枣茶、青梅茶、柚子茶、柿子茶、橘皮茶、石榴茶等。

（3）印度　印度种茶始于18世纪后期，印度受英国人影响，多产红茶，他们爱在红茶中加入奶制品和砂糖煮饮，这种茶叫"甜奶茶"。也有一部分人喜欢在红茶中加入姜、豆蔻、丁香、肉桂等香料，称之为"马萨拉茶"，也叫"香料印度茶"，主要是因为在红茶中放有马萨拉调料。印度本民族文化与饮茶风俗的完美结合，形成了"舔茶"的饮茶方式。将茶汤斟在茶盘上，用舌头舔饮，称之为"舔茶"。另外，在少数印度山区，也有饮绿茶的风俗。

（4）斯里兰卡　斯里兰卡多数崇尚清饮红茶。倘若在茶汤里加了牛奶，他们会认为会掩盖茶叶本身的香气滋味，加牛奶是一件没有品位的事。此外，也有许多人开始喜欢饮风味茶，诸如红奶茶、草莓红茶、夏威夷果茶、薄荷绿茶、茉莉花茶等。兼具茶与花果香气滋味的茶，如今越来越受消费者欢迎。

（5）巴基斯坦　巴基斯坦气候炎热干燥，不适宜蔬菜生长，生活中牛羊肉吃得较多，饮茶既可以消除油腻饱腹感，又能降脂降压，是最适合的饮品。大部分地区流行饮红奶茶，即将4~5克红茶投入沸水中烹煮三四分钟，滤去茶渣，将茶汤注入茶杯，加适量新鲜牛奶和砂糖调匀后饮用。也有不加牛奶，而加新鲜柠檬片和糖的，这就是柠檬红茶了。在巴基斯坦西北高地靠近阿富汗的游牧地区，却流行着饮甜绿茶的习惯。他们将冲泡或烹煮好的绿茶，经过滤后加入砂糖搅拌均匀饮用，有时候还会放入一颗小豆蔻，用以增添清凉感。在巴基斯坦的每个家庭里，主妇们每天起床后的第一件事是煮茶，一家人起来后就饮茶。巴基斯坦人不但饮茶次数多，而且喜欢饮浓茶。一般早、中、晚各饮1次，加之起床后、睡觉前各饮1次，每天多达5次，因此巴基斯坦有"饮茶王国"之称。

（6）孟加拉国　孟加拉国生产茶叶以红茶为主，也有绿茶。当地人大多爱饮红茶，通常他们会在红茶中加入牛奶、柠檬汁、糖等。当然也有不少人喜饮绿茶，尤其是加有柠檬和糖的绿茶。但不论是饮红茶，还是饮绿茶，孟加拉国人饮的最多的还是调味茶。在孟加拉国有一个偏远的小镇，名叫斯里蒙戈尔，这里有一种声名煊赫的"七层茶"，原料由3种不同品性的红茶、1种绿茶外加牛奶及各种调料组成，通过精心制作，不仅外形有7层色彩，连滋味也有各不相同的7种。七层茶的制作带有一种奇妙感和神秘感，并为此带动了旅游业发展。

（7）越南　越南人饮茶历史悠远，由于特殊的历史背景，越南人崇尚清饮，尤爱由绿茶再加工而成的花茶，这与当地气候比较炎热、花茶更具清凉感有关。越南花茶品种很多，最普遍的是具有清热解毒、祛湿消暑的茉莉花茶。而最为珍贵的则是荷花茶，越南人认为荷花是高尚洁净之花，它"出淤泥而不染"，享有类似国花地位，所以荷花茶当然受到尊崇。此外，还有玳玳花茶、米兰花茶、金银花茶、玉兰花茶等。越南人还喝苦瓜茶。苦瓜茶是将新鲜的苦瓜去瓤，塞入绿茶，然后烘焙干燥。苦瓜茶除了具有清热解毒、清心利尿的功效外，对降低血糖也有一定作用。另外，西方饮茶文化在越南也有生存的土壤，部分越南人喜欢在红茶里加入牛奶和糖。

（8）泰国　泰国不大喜欢饮热茶，热衷于饮冰茶。这与泰国为热带季风气候，全年气温高有关。冰茶制作并不复杂。如果是绿茶，泰国人就会在冲泡好绿茶后，立刻滤出茶渣，选取自己喜爱的水果切成小块，加入到茶汤中，最后加入适量冰块，一杯滚透的绿茶立刻成为凉爽可口的水果冰绿茶了。至于红茶，则是冲泡或煮开红茶后，过滤掉茶渣，再根据个人口味，加入牛奶、糖、柠檬等作料，最后加入适量冰块，这样一杯冰红奶茶就新鲜出炉了。泰国冰茶花样繁多，内容丰富，随着时代进步，冰茶的制作也与时俱进。泰国人甚至还选择香料（如龙舌兰）、酒（白兰地、伏特加、葡萄酒、鸡尾酒等）、可乐等加入到冰茶中，创造出令人惊艳的味觉享受。除此之外，泰国与中国云南部分少数民族一样，有制作腌茶的习俗，将新鲜茶树梢洗净后用竹匾摊晾沥干，然后稍加揉搓，加入盐、辣椒等拌匀，随后放入瓦罐或竹筒压紧密封，两三个月后茶叶逐渐变黄，取出晒干就行，食用时再加入花椒、豆蔻、麻油等作料拌匀即可。这种腌茶，吃起来又香又辣，风味独特。

（9）缅甸　缅甸人一天饮茶频率高达 3~5 次，特别是饭前、饭后都要饮上一杯热茶。缅甸人既有清饮红茶、绿茶、乌龙茶、普洱茶的，也有习惯吃腌茶的，更有人喜欢饮"马拉茶"或红奶茶的，各地饮茶习俗丰富多彩。除此之外，还有一种较为独特的饮茶习俗，称之为"怪味茶"。它的制作方法是将茶叶与虾酱油、虾米松、炒熟的辣椒子、洋葱末、黄豆粉等拌匀，然后冲泡而成。这种"怪味茶"风味独特，深受缅甸人欢迎。

（10）马来西亚　马来西亚除了本地人外，华人占了极大部分，喜欢清饮乌龙茶、红茶、普洱茶、绿茶。如选择调饮，红茶加牛奶是经典款。由于受英国文化影响，部分马来西亚人还有喝英式下午茶的习惯。在马来西亚最受欢迎的茶是拉茶，在马来西亚街头巷尾，随处可见。

（11）新加坡　新加坡的饮茶风俗东西交融，有爱饮中式清茶的传统，也有饮英式下午茶的习惯，但给人印象最深的莫过于新加坡的肉骨茶。搭配肉骨的茶一般多选用广东、福建地区的乌龙茶，主要有潮汕地区的凤凰单丛及福建的安溪铁观音、武夷大红袍、肉桂等。使用的茶具也是陶瓷的小壶和小杯，保留着中国人吃工夫茶的风俗。

（12）印度尼西亚　印度尼西亚为热带雨林气候，有喝凉茶的习俗。凉茶制作的原料一般是红茶，冲泡完红茶后，过滤茶渣，再在茶汤中加入适量砂糖和其他作料（如柠檬等），放凉后将茶搁置在冰箱里冷藏，以便随时取用。对印度尼西亚人来说，一日三餐中，午餐最为重要。用完午餐后，印尼人习惯再喝一杯凉茶，既能缓解炎热气候带来的燥热，消暑降温，又能帮助消化、生津止渴。除凉茶外，酒店等地都有经营下午茶的业务。将红茶在壶中煮沸1分钟后过滤，注入玻璃壶中，再倒入玻璃杯中饮用茶汤中是否放糖加奶，任凭客人自便。讲究一点的，还会另加一小壶白开水，客人可以根据个人口味调整茶汤浓度。

（13）伊朗　茶是伊朗的举国之饮，伊朗人爱饮有甜香味和果香味的红茶，不喜欢在红茶中添加牛奶等，追求茶的原香原味。但他们的饮茶方式又区别于传统的清饮，是一种半清饮、半调饮的饮茶方法，称作"含糖吸茗"。泡茶时，先将茶叶放置在小茶壶内，注入沸水冲泡，然后把小茶壶放到一个特制的烧水壶顶端保温，这样能使茶味更加醇厚，使茶香充分发散，以满足喝茶时茶汤热、茶汁厚、茶味香的需求。烹煮后，将小茶壶中的茶汤倒入茶杯中，小茶壶壶嘴有滤网，可以防止茶叶倒入茶杯。他们为了品尝茶的原香，饮甜茶时并不将方糖直接投入茶汤中，而是选择先将方糖含在口中，再吸一口浓香的茶汤，任由方糖就着茶汤在口中溶化，根据茶汤苦涩味的轻重，以及方糖的溶化程度来调节红茶的甜淡，这便是伊朗人独具风味的"含糖吸茗"。这种品红茶的方式在伊朗人眼中是最佳品茗方式。

（14）土耳其　土耳其饮茶历史较长，人们普遍嗜茶，饮茶氛围非常浓厚，有"泡在茶汤里的国家"之称。土耳其人爱饮红茶，喜好煮饮，且喜欢在红茶中加糖，一般不加奶，这是土耳其饮茶的一个显著特色。土耳其煮茶的茶具十分特殊，一大一小的茶壶被称为"子母壶"。大壶用于煮水，小壶用来煮茶。平时小壶置于大壶的顶端，呈双层宝塔形。煮茶时，先将大壶盛满水，置于木炭火炉上烧水。与此同时，在小壶中投入适量茶叶，再将小壶放在大壶之上，用大壶内的热蒸汽温热小壶，让小壶中的茶香慢慢散发出来。当大壶水烧开后，便将壶中开水注入小壶，再重新将大壶装满水，用小火慢慢加热直至大壶内的水和小壶中的茶再次烧开，才算将茶煮好。静置几分钟后，小壶中的茶叶慢慢沉落下来后，再将茶水通过壶口滤网滤去茶渣，再斟入独具特色的饮具中享用。土耳其饮茶的玻璃杯子很特殊，俗称郁金香杯，秀气精致。倒茶入杯后，还会在茶汤中加入几块方糖，用小勺搅拌，方糖溶解于茶汤后，一杯具有土耳其特色的红茶便告成功。土耳其人喝茶时，会夸赞主人的煮茶技能高超。他们不局限于饮传统的土耳其茶，一些花草茶也开始成为新宠。

（15）阿富汗　阿富汗人有爱饮红茶的，也有爱饮绿茶的，通常夏天饮绿茶，冬天饮红茶。阿富汗农村地区还有喝调饮茶的。这种调饮茶的制作方法比较奇特，调制时先将茶叶放入沸水中煮几分钟，然后过滤出茶汤。另外再用一口锅，加入鲜牛奶用文火煮至黏稠，随即将牛奶加入茶汤，撒入适量盐巴，再次煮沸即可饮用。需要注意的是奶茶浓稠度随个人口味调整，通常加入牛奶的量为茶汤量的1/4。在阿富汗，有"三杯茶"之说。第一杯敬客人，祛除旅途疲乏，解渴生津，称之为"止渴茶"；第二杯敬客人，表达和善友爱，友谊天长地久，称之为"友谊茶"；第三杯敬客人，是为"礼节茶"。饮完三杯茶后，倘若还想再饮，那么接下来会有第四杯、第五杯……直至客人示意告谢。

（16）格鲁吉亚 1770年，俄国沙皇将茶炊和茶叶作为礼物赠送给格鲁吉亚沙皇，开创格鲁吉亚饮茶先河。1893年，俄商波波夫从中国聘请茶师刘峻周及一批技术工人赴格鲁吉亚试种茶树，历经三年终于试种成功。从此，格鲁吉亚生产的茶叶誉称"刘茶"。

格鲁吉亚人大多喜爱饮红茶，但也有不少人爱饮绿茶。此外，还有一些人喜饮砖茶，他们大都崇尚清茶一杯，无须加入任何调料。格鲁吉亚的沏茶方式有些类似于中国云南的烤茶。

2. 欧洲国家饮茶习俗

（1）英国茶俗 1662年，嗜茶的葡萄牙公主凯瑟琳嫁给英国国王查理二世，把饮茶的风气带入英国宫廷。由于她的提倡，饮茶成了英国上流社会风雅的社交礼节，随后又普及到民间，部分取代了酒类饮料。另一方面，由于英国水质较硬，口感较差，但当此水与红茶结合时，味道竟变得芳香浓郁起来，这使得红茶传入英国短短十几年，就上升到"国饮"的位置。为保障上层社会对茶叶的需求，英国政府于1669年规定茶叶贸易由英属东印度公司专营，并首次从爪哇间接输入中国茶叶。

英国人热爱饮红茶，不可一日无茶，大致分为早茶、上午茶、下午茶和晚餐茶。下午茶在下午4点左右。英国人非常重视下午茶，其重要性等同用餐。正如英国歌谣所述："当时钟敲响四下时，世上的一切瞬间因茶而停止。"正规的英式下午茶非常讲究，茶具和茶叶需是最高级的，再用一个装满食物的三层点心瓷盘，从上到下依次盛有蛋糕、水果挞及一些小点心，传统英式松饼和培根卷等，三明治和手工饼干。食用的顺序一般也是从上到下，滋味由淡至浓。在食用过程中，主人还会播放一些优雅的古典音乐助兴，以此营造出轻松、优雅而又惬意的下午茶环境。

（2）法国 法国初次接触茶是在1636年。直到法国大革命之前，对于饮茶认识仍未脱离茶是药的概念。20世纪后法国开始重视下午茶。法国人饮红茶的方式与英国相似，通常采用冲泡或烹煮法，用沸水将红茶泡开后，辅以糖、牛奶调味，口感香浓醇厚；有的则会选择在茶中打入新鲜鸡蛋，并加糖冲饮，既营养又美味；还有一种非常具有法国特色的饮茶方法，就是将茶与酒混合做成潘趣酒，这种新饮品很受法国人的追捧。除了红茶，法国人也饮绿茶，在茶汤中加入方糖和新鲜薄荷叶，形成甜蜜清凉的滋味。而沱茶因具有养生的药理功能，深受法国中年人重视。20世纪80年代以来，法国人饮茶品类从红茶、绿茶、沱茶，拓展到了花茶。花茶的饮用方式与中国北方相似，直接用沸水冲泡，不加作料，提倡清饮，品的是真香实味。

（3）荷兰 荷兰人在将茶传播到欧洲的同时，自己也爱上了茶。到17世纪中期，荷兰的食品商店、杂货店等也开始出售茶叶，使饮茶在荷兰得到普及，以茶为主的茶室、茶座也逐渐发展起来。同英、法相似，荷兰贵妇们也在茶的推广过程中起着重要作用。女士们成了茶会的"主宰者"，大约下午 2 点以后，她们会从自己珍爱的小瓷盒中取出茶叶，为客人选好心仪的茶叶后，将茶放入小瓷茶壶中煮茶，然后将茶汤倒入小杯。如果有客人喜欢调饮，女主人会先用小红壶浸泡番红花，再用稍大的杯子，倾入半杯茶汤，以方便客人自行调配。饮茶时，宾客多会发出"啧啧"之声，表示对女主人高超茶艺的赞赏。富人在茶室饮茶，穷人则会到啤酒商店饮茶，无论在咖啡店、饭店及多数酒吧内，均可见到荷兰人饮茶的影子。

（4）爱尔兰　爱尔兰有"饮茶王国"之称，与欧洲大多数国家一样，茶最先为爱尔兰贵族所接受。而随着茶叶价格逐渐降低，普通民众开始用鸡蛋和黄油从杂货铺换取茶叶。爱尔兰人最先饮的是中国的绿茶和红茶。他们喜饮红茶，多为调饮，即将牛奶、红茶调制而成的奶茶，将红茶的浓醇和奶的顺滑口感相结合。爱尔兰人饮茶主要分为早茶、下午茶和晚茶。早茶的时间就是在早餐时饮用，一杯茶，可以起到提神醒脑的作用，比喝咖啡有营养。下午茶的时间是在 3~5 点，一杯香浓的茶，搭配风味不同的小点心，可起到充饥和缓解疲劳的作用。晚餐时的这道茶，被称为晚茶或"高茶"。高茶，其实就是"劳动人民"的茶，这时与茶搭配的通常是奶酪、面包等可以充饥的食物。

（5）俄罗斯　19 世纪开始，茶已从宫廷和贵族饮品走向民间。进入 20 世纪以来，俄国人一日三餐离不开茶，尤其是下午茶，雷打不动。茶成了俄国最普及、最大众化的饮料。俄罗斯人习惯饮红茶，而且喜欢带有甜味的茶。俄国人饮茶多选用铜质茶炊，被称为"萨玛瓦尔"的一种煮茶器。旧式的茶饮中间放木炭，顶部是冒烟的桶子，其下放煮水的锅，边缘还装有一个水龙头。水煮开后，就从水龙头放水泡茶。俄罗斯人泡茶后，要用套子罩在茶壶上，待茶泡开了再注入茶杯。

俄罗斯人煮的茶，浓度特别高，饮茶时总先倒上小半杯浓茶，然后加热开水至七八分满，再在茶里加方糖、柠檬片、蜂蜜、牛奶、果酱等，各随其便。俄罗斯人饮茶比较讲究。饮茶时还要佐以饼干、奶渣饼和蛋糕等甜点。俄罗斯人注重午餐茶，即便是一顿丰盛的午餐，用完后还得上茶，而上茶时茶点还是不能少的，特别是一种被称为"饮茶饼干"的点心，必须随茶送上。

（6）波兰　早在 17 世纪，茶是作为一种药品被波兰人认识和使用的。直到 18 世纪初，茶在波兰才作为饮料被人们饮用。波兰人几乎每家每户都存有茶叶，习惯上以饮红茶为主，而且都是一次性的袋泡茶。波兰人饮茶带有明显的俄罗斯色彩，一般用大壶烧开水，小壶泡浓茶。饮茶时多崇尚牛奶红茶和柠檬红茶，即以红茶为主料，用沸水在壶中冲泡或烹煮，再与糖、牛奶或糖、柠檬为伍。当然也有清饮红茶的。随着时代的变迁，波兰人对茶的爱好也趋向多元化，饮绿茶、花茶的时有所见。

（7）德国　1657 年，茶叶首先出现在德国的一家药店里。德国人饮的茶品种较多，绿茶、花茶都有，但更多人喜饮红茶。德国人饮的茶并不是泡的，而是冲的。饮茶时，将茶叶放在细密的金属筛子上，不断用沸水冲泡，而冲下的茶水通过安装于筛子下的漏斗流到茶壶内，然后将筛子中的茶叶倒掉。这种冲茶之法，为德国人所独有。德国人还喜欢饮一种本国产的"花茶"。这种花茶用茉莉花、玉兰花或米兰花等花瓣为原料，再加上苹果、山楂等果干制作而成，实是一种"有花无茶"的"非茶之花茶"。德国人在饮花茶时，还须加上适量的糖。如今，德国人饮茶已渐趋多样化，并在饮茶与喝咖啡之间寻找新的平衡点。

（8）乌克兰　乌克兰人爱饮茶，一日三餐离不开茶。乌克兰人喜欢饮红茶，特别喜欢饮由红茶调制而成的调味茶，大多喜欢在红茶中加入一些蜂蜜、柠檬、姜片等。加入的调料不同，以及拼配调料比例的不同，由此配制出不同风味的调味茶。这样，可以根据个人的不同要求，从中找出适合自己的风味茶品。乌克兰人还喜欢饮凉茶，其中加有柠檬、桔梗，甚至果蔬等，口感有点黏稠，但却有透凉止渴、甜酸可口之感。除此之外，乌克兰人也喜欢饮一种茶中配有花草的香草茶。这种茶特别受乌克兰年轻女性的青睐，她们认为香草茶既有茶的清香，又有药的疗效，对人体具有保健美容功能。

3. 非洲国家饮茶习俗

（1）埃及　埃及人酷爱煮饮红茶，家中来客时，热情的埃及人总会备上一杯加入白糖的红茶，这就是他们最爱的甜茶。他们先将茶叶放进小壶里，注水加糖，然后再加热至水开。这样的红茶口感浓厚醇香，是埃及人的最爱。在饮用甜茶时，用小巧的玻璃茶具，为了尊重饮茶者，埃及人还会特意备一杯冷水，供饮者稀释茶水，自由调节茶水浓度。实际上这种甜茶的浓度是非常高的，几杯入口，不习惯食甜的人难免会觉得口中过分甜腻。

（2）摩洛哥　摩洛哥是"绿茶消费王国"。在摩洛哥人眼里，最好的绿茶大都来自中国。摩洛哥流行饮薄荷绿茶，他们不饮酒，其他饮料也很少喝。摩洛哥地处热带，当地人爱吃羊肉，食用完后，饮上一杯浓茶，既可以消暑解渴，又可以祛除油腻，帮助消化，一般每天都要饮茶四五次。摩洛哥人饮茶的茶具是镀银的金属茶具，成套使用，十分精致华丽，是典型独特的"摩洛哥风格"。摩洛哥人饮茶偏好煮饮，很少沏泡。先将水烧开，但不得使水过沸。随后取茶入壶，冲入温开水，摇晃几下后立刻将水倒去，谓之"洗茶"。然后再冲入开水，加入摩洛哥本地产的方糖，另加一大把薄荷叶，待几分钟后，主人便开始为客人沏茶，将茶壶高高举起，茶汤便以优美的弧度落入杯盏之中，带着薄荷的茶香瞬间在屋内弥漫，一杯薄荷茶便奉送上来。

（3）肯尼亚　肯尼亚人饮茶是自上而下普及开来的。他们爱喝红茶，与英国一样，习惯饮调饮红茶。上午 10 点是肯尼亚人的早茶时间，肯尼亚人饮茶所用的杯子是陶瓷咖啡杯，杯身通常会烫有金花纹装饰，杯子中还会有一个小勺子，加糖后再用小勺子轻轻搅拌几圈，让蔗糖充分溶解于茶中，美好的早茶时间就在茶香中度过。在肯尼亚人的日常活动或是待客时，通常还会配上一种当地特有的小吃——萨姆布色，这是一种带馅的油炸食品，供饮茶时食用。茶可以缓解油炸带来的油腻和火气。

（4）毛里塔尼亚　毛里塔尼亚天气炎热，雨量少，沙漠地带蔬菜较少，人们以食牛羊肉为主，饮茶能消食、补充营养。在毛里塔尼亚，珠茶和眉茶最受欢迎。毛里塔尼亚人早间、午后、睡前都要饮茶。他们将大把茶叶放进一把小瓷壶或者铜壶里，待水开后，再在其中加入白糖、薄荷叶，然后再将茶汤倒入玻璃杯内。如此一杯又浓又香的薄荷茶才算完成。

4. 美洲国家饮茶习俗

（1）美国　美国的饮茶历史不到 300 年。美国人最初喝中国的绿茶，后来主要喝红茶，并且酷爱在红茶中添加柠檬、糖、牛奶等调节口感。绝大多数美国人拒绝冒着热气的茶水，他们更爱饮冰茶。冰茶制作简单，选用心仪的茶叶，绿茶、红碎茶都可，经浸泡或煮沸后滤去茶渣，再在茶汤中加入柠檬、牛奶、果汁、糖等调味，最后加入适量冰块或者放入冰箱冷却待用。

美国人在鸡尾酒里加入适量茶水，这就是鸡尾茶酒。通常是高档红茶，滋味"浓强"，汤色鲜艳明亮，这样才不会让鸡尾酒夺走茶的风光，从而达到鸡尾茶酒滋味的平衡。当然也有选择绿茶、乌龙茶、普洱茶加入酒中的。

（2）加拿大　加拿大人喜欢饮红茶，受法国、英国饮茶风俗的影响，对下午茶推崇备至。

在加拿大，有一种柑橘茶很受女性欢迎。她们认为橘子的果皮、果肉与果核含有的某种物质，有预防乳腺癌的作用。因此，用橘子的果皮、果核泡制而成的柑橘茶很受女性的青睐。加拿大是枫树之国，从糖枫树里提取汁液，煎熬成糖，这就是枫树糖。而加入了这种特殊糖类的茶就是鼎鼎有名的"枫树糖茶"。

（3）墨西哥　墨西哥的饮茶习俗自成一派，非常独特。尽管有许多人有喝调饮红茶之习，但还有不少人喝"非茶之茶"，诸如仙人掌茶和玫瑰茄茶就是例证。仙人掌是墨西哥的第一国花，墨西哥人除了将仙人掌制作成菜肴外，也喜爱将精致加工的仙人掌烘干储存，按需冲泡，当茶饮用。当地人认为仙人掌茶具有降低血糖、血压和血脂的功能，还能促进新陈代谢、提高免疫力。

墨西哥的另一种非茶之茶便是玫瑰茄茶。玫瑰茄为木槿属，制作非常简单，只要摘取果实连同花萼，放置在阳光下晾晒，待脱水后脱下花萼，晒干即成。玫瑰茄茶不但滋味酸甜、风味独特，更具有一定的美容养颜、敛肺止咳、降血压、解酒等功效，因此深受墨西哥人喜爱，普遍用来作为茶饮。

（4）阿根廷　阿根廷除习惯于喝调饮红奶茶外，对马黛茶更是情有独钟。马黛茶最初以药用的形式被西班牙人接受。诺贝尔生理学或医学奖获得者阿根廷著名医学家奥塞证明：马黛茶有 196 种可验出的活性物质，均是人体所需的营养元素。阿根廷人饮食以牛羊肉为主，食物较为单一，但身体健康强壮，这或与长期饮马黛茶有关。

复习思考题

1. 简述我国早期茶树分布与茶文化发展的关系。

2. 简述世界各地茶树与我国的关系。

3. 关于饮茶起源的 3 种假说是什么？ 与我国早期对茶叶的利用有何关联？

4. 简述我国茶叶制茶方法的演变与饮茶方法演变的关系。

5. 背诵《走笔谢孟谏议寄新茶》《一字至七字诗·茶》《和章岷从事斗茶歌》。

6. 了解唐代、 宋代、 明代著名茶书画的内容。

7. 简述儒家对茶文化精神的影响。

8. 简述汉族、 满族、 蒙古族的饮茶习俗。

9. 简述新疆、 青海、 西藏地区的饮茶习俗。

10. 简述我国西南少数民族的饮茶习俗。

11. 简述 6 种国家级非遗绿茶制作技艺。

12. 欧美的饮茶习俗是如何形成的？

13. 简述唐代饼茶制茶的流程。

14. 了解宋代赵汝砺《北苑别录》 中记载的龙凤团茶制造工艺。

15. 简述阿富汗的 “三杯茶” 之说。

16. 简述毛里塔尼亚的饮茶方式。

项目 *3*

茶 叶 知 识

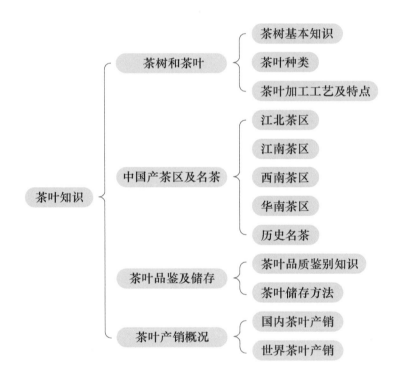

3.1 茶树和茶叶

3.1.1 茶树基本知识

1. 茶树的起源和演变

茶树是一种多年生的木本、常绿植物。茶树在植物学分类系统中，属被子植物门，双子叶植物纲，山茶目，山茶科，山茶属。茶树的最初学名是 *Camellia Sinensis*（L.）。1950 年中国植物学家钱崇澍根据国际命名和茶树特性的研究，确定以 *Camellia Sinensis*（L.）0. Kuntze 作为茶树学名，在世界沿用至今。

（1）茶树原产地争论　1824 年，驻印度的英国军人勃鲁士在印度阿萨姆省沙地耶发现了野生茶树。之后，国外有人以此为证，开始对中国是茶树原产地提出异议，在国际学术界展开了一场关于茶树原产地的争论。

我国学者认为中国是茶树的原产地。茶学家吴觉农从中国 4700 多年前神农氏将茶做药品、历代茶树栽培和利用的记载，以及对现代茶树分布状况的考察，提出了茶树原产中国的根据。

中国是野生大茶树最多的国家，早在 1700 多年前就发现了野生大茶树。据不完全统计，现在全国 200 多处发现了野生大茶树。其中，云南省树干直径在 1 米以上的大茶树就有十多处，如龙陵县的一株"老茶"，树干直径达 1.23 米，凤庆县香竹箐大茶树基部干径为 1.85 米。1983 年在云南省镇沅县千家寨发现了野生大茶树居群，2002 年又在双江县勐库大雪山发现了野生大茶树居群。中国西南部是山茶属植物多样性中心，全世界山茶科植物有 23 个属 380 余种，其中中国有 15 个属 260 余种。在一个区域集中这么多山茶科植物，是原产地植物区系的重要标志。

国外的学者则认为茶树的原产地在无名高地。这一地区包括缅甸东部、泰国北部、越南、中国云南和印度阿萨姆森林中。著名的人类学家尤金·N·安德森在《中国食物》一书中也持这种观点。

（2）茶树的演化　从现存史料来推断，茶树栽培至今可能已有 3000 多年历史了。

由于地质变迁，喜马拉雅山和横断山脉的上升，使中国西南形成了非常复杂的地理结构，本属同一气候的区域被分割成垂直气候带，即热带、亚热带和温带在同一纬度的不同高度上共存，生长于其中的茶树因此得以躲过寒冷的冰河期而生存下来。也是在这里，形成了适合不同气候带的茶树品种。云南等地现今同时存在乔木、小乔木大叶和灌木中小叶茶树的原因就在于此。

茶树在中国的传播路径是从四川传入陕西、甘肃一带，但由于自然条件的限制，不能大量栽培。秦、汉以后，随着经济、文化的交流日渐增多，茶树由四川传播到长江中下游一带，由于气候适宜，这些新兴的种茶基地逐渐取代了巴蜀在茶业上的中心地位。到了唐宋时期，茶叶产区遍及四川、陕西、湖南、湖北、福建、江苏、浙江、安徽、河南、广东、广西、江西、云南、贵州等地，几乎与近代茶区相当，达到了有史以来的最兴盛阶段。在这漫长传播中，因气候、水土条件不同，茶树产生了很多品种。

（3）茶树的传播　茶树从地理起源中心向周边自然扩散的过程中，因山脉、河流的影响及气候条件的改变，大体形成了四条传播途径。

1）澜沧江怒江水系。沿澜沧江、怒江向横断山脉纵深扩散，也即北纬24度以南、云南中西部的普洱、临沧、保山、德宏、楚雄、大理等地。这里低纬度高湿热的优越环境条件，使茶树得以充分繁衍，是中国野生大茶树分布密度最大、树体最高大的地区。此区域的栽培型茶树则以阿萨姆茶、大理茶和阿萨姆茶的自然杂交类型为主。

2）西江红水河水系。沿西江、红水河向东及东南方向扩展，大体分成两支：一支沿西江扩散至北纬23度以南我国广西、广东的南部和越南、缅甸北部，境内多有乔木和小乔木野生型茶树生长，如广西西部有大厂茶、广西茶等，栽培型茶树以白毛茶和阿萨姆茶等为主。另一支沿红水河扩散至南岭山脉，包括广西、广东北部和南岭山脉北侧的湖南南部和江西南部，在广东境内一直蔓延至东部沿海，并延伸到闽南丘陵，形成北纬24度~26度间的粤东闽南茶树分布区，以栽培型的小乔木大叶茶为主，间或有灌木型茶树，分类上主要是白毛茶。在南岭山脉两侧则是苦茶的主要分布区。

3）云贵高原东北大斜坡。沿着金沙江、长江水系向云贵高原东北斜坡扩散，形成以黔北娄山山脉和川渝盆地南部为中心的又一个大茶树聚居区。这一带茶树的特点是多呈乔木或小乔木型，叶大，叶色黄绿、富革质，有光泽，芽叶多绿紫色，子房无毛，柱头3裂，果呈棉桃形，是秃房茶的主要集中区。

4）长江水系。由云贵高原沿长江水系进入鄂西台地，并顺流扩散至湖北、湖南、江西、安徽、浙江、江苏等省。茶树走出"巴山峡川"后，大部分地区处在北纬30度左右，冬天寒冷，夏天酷热，茶树均为抗逆性强的灌木型中小叶茶。

（4）茶树向国外传播　最早传到朝鲜和日本。6世纪下半叶，茶叶首先传入朝鲜半岛，而日本则在唐代中叶（805年）才开始种植茶树。日本僧人最澄和尚来中国浙江天台山学佛，回国时携带茶籽种于日本滋贺县，这是中国茶种传向国外的最早记载。

2. 茶树的品种

茶树品种资源又称种质资源、遗传资源、基因库存，从广义上讲，两株不同基因型的茶树就应视为两个品种。

茶树品种资源是发展茶叶生产，加强科学研究的物质基础。例如，通过进行形态和主要经济性状鉴定，把产量高、品质优良或抗逆性强、遗传性稳定的材料直接或稍加改良后当作栽培品种应用。利用抗性基因，开展茶树育种，克服栽培育种中的某种弱点或不足，提高育种效果。茶树种质资源的种（变种）的多种性、分布区域的集中性、性状变异的连续性，为研究茶树起源与演化提供了全面详细的材料。

中国是茶树种质资源最丰富的国家，拥有野生大茶树、地方品种、育成品种、品系、名丛和单丛、引进品种、近缘植物等资源。

（1）野生大茶树　非人工栽培的且树体高大、年代久远的，统称为野生大茶树。它们通常是在一定的自然条件下，经过自然繁衍而生存下来的一种类群，不同于人工栽培后丢弃的"荒野茶"。中国野生大茶树主要有 5 个集中分布区：一是滇、桂、黔大厂茶分布区；二是滇东南厚轴茶分布区；三是滇西南、滇南大理茶分布区；四是滇、川、黔秃房茶分布区；五是粤赣、湘苦茶分布区。此外，还有少数散见于海南、台湾、福建等地。这些地区茶树多属乔木或小乔木型，具有较典型的原始形态特征。

（2）地方品种　包括农家品种、群体品种、传统品种。这类品种是组成复杂的群体，但由此也为种质创新提供了丰富的基因源，采用单株选择法育成的品种多出自这类品种，如龙井 43 品种就是从龙井群体品种中选育出来的。由于经历了长期的自然选择，地方品种对当地的环境条件具有很强的适应性。中国主要茶区仍在栽培利用的老品种，如勐海大叶茶、凤凰水仙、南山白毛茶、都匀种、早白尖、恩施大叶茶、君山种、紫阳种、黄山种、婺源大叶茶、龙井种、洞庭种等均属此类。

（3）育成品种　一般指采用单株选择、人工杂交或诱变等手段育成的新品种。育成品种采用无性法繁殖，故又称无性系品种，特点是个体间表现型一致，是当前种茶界的主要推广品种，如中茶 108、安徽 7 号、宁州 2 号、白毫早、宜红早、早白尖 5 号、桂绿 1 号、黔湄 601、金观音、岭头单丛、云抗 10 号等。

（4）品系　经过系统的育种程序，形态特征一致，具有一定的经济价值，遗传性稳定，能繁殖后代，在未完成区域性试验之前，生产上也无成片栽培面积的育种材料，统称品系。例如，福建省农业科学院茶叶研究所育成的茗科 1 号和茗科 2 号就是国家审定品种金观音、黄观音的品系。

（5）名丛和单丛　在福建武夷茶区和广东潮汕乌龙茶区，习惯上将成品茶品质优、自成风格的单株称为名丛（枞）和单丛（枞）。例如，武夷山的传统五大名丛有大红袍、铁罗汉、白鸡冠、水金龟、半天妖，五大珍贵名丛有武夷白牡丹、武夷金桂、金锁匙、北斗、白瑞香等。

单丛主要生长在广东潮安县凤凰镇乌崇山，统称凤凰单丛，又称白叶单丛，按成品茶的香气特点或树型又可分成凤凰十大单丛：黄枝香单丛、芝兰香单丛、蜜香单丛、杏仁香单丛、姜花香单丛、茉莉香单丛、杨梅香单丛、玉兰香单丛、肉桂香单丛、桂花香单丛。

（6）引进品种 中国从国外引进的茶树品种较少，作为种质资源引进的有格鲁吉亚1号、格鲁吉亚4号、格鲁吉亚6号、格鲁吉亚8号等，日本的薮北、金谷绿、狭山绿、大和绿、朝雾、牧之原早生等，印度的阿萨姆种，斯里兰卡大叶种；越南的北部中游种、Shan种、LDP1等，但都没有成片栽培的茶园。

（7）近缘植物 茶的同属近缘植物常见的有云南连蕊茶、滇南离蕊茶、蒙自山茶、瘤叶短蕊茶、落瓣油茶、金花茶、滇山茶、红山茶、浙江红山茶、茶梅、油茶等。茶树所具有的咖啡因、氨基酸、儿茶素等成分，在这些近缘植物中含量极少，由于它们缺乏形成茶叶所应有的色香味的物质基础，所以，不能加工饮用。

3. 茶树品种的命名与分类

茶树品种命名没有统一规定，归纳而言，大体有八种情况。

（1）以品种产地命名 如产于浙江省淳安县的鸠坑种、产于安徽省黄山市的黄山种、产于江西省修水县（原称宁州）的宁州种、产于江苏省宜兴市的宜兴种。

（2）以品种形象命名 如叶小如瓜子的瓜子种、叶似柳树叶的柳叶种、叶形如楮树叶的楮叶种。

（3）以叶片大小命名 如小叶种、中叶种和大叶种。

（4）以发芽迟早命名 如早生种、中生种、晚生种、清明早、不知春和瞌睡茶等。

（5）以芽叶或叶片色泽和茸毛多少来命名 如紫芽茶、白茶和白毛茶等。

（6）根据产地并结合芽叶性状来命名 如产于云南勐海县的勐海大叶种，产于福建省福鼎市的芽叶茸毛极多、芽色银白的福鼎大白茶等。

（7）按品种特点命名 如叶片似楮树之叶、发芽整齐的楮叶齐；芽叶黄绿色、发芽早的菊花春；新梢生育期长、霜降前后仍有芽叶可采的迎霜。

（8）冠以地名或单位并加编号的新品种 如龙井43为中国农业科学院茶叶研究所育成的龙井茶的新品种；浙农25和浙农113等为浙江农业大学育成的新品种；台湾1号至台湾15号等是由台湾茶叶试验场育成的新品种。

茶树品种分类并无统一方法，普遍采用的是将树型、叶片大小和发芽迟早作为三个分类等级。树型分为乔木型、小乔木型和灌木型三种。叶片大小分为特大叶类、大叶类、中叶类和小叶类四类。发芽迟早分为早生种、中生种和晚生种三种。

4. 茶树的形态特征

茶树的地上部分，在无人为干预的情况下，因性状的差异，植株分为乔木型、小乔木型和灌木型三种。乔木型茶树有明显的主干，分枝部位高，通常树高3~5米以上。灌木型茶树没有明显主干，分枝较密，多近地面，树冠短小，通常为1.5~3米。小乔木型茶树在树高和分枝上都介于灌木型茶树与乔木型茶树之间。

茶树的树冠形状，由于分枝角度、密度的不同，分为直立状、半直立状、披张状三种。

茶树的根由主根、侧根、细根、根毛组成，为轴状根系。主根由种子的胚根发育而成，在垂直土壤向下生长的过程中，分生出侧根和细根，细根上生出根毛。主根和侧根构成根系的骨干，寿命较长，有固定、输导、储藏等作用。

茶树的茎，按其作用分为主干、主轴、骨干枝、细枝。分枝以下的部分称为主干，分枝以上的部分称为主轴。主干是区别茶树类型的重要根据之一。茶树的分枝分为单轴分枝和合轴分枝。幼年期的茶树，是单轴分枝，主茎生长旺盛，形成明显的直立主枝。成年期茶树，主枝到达一定高度后，生长即放缓，侧枝迅速产生，使分枝层次增加，形成合轴分枝，树冠成为披张状。及时修剪，可以控制主茎向上的生长态势，达到树冠展开状态。茶树的茎上有生叶和芽生叶的地方叫节，两叶之间的一段叫节间，叶脱落后留有叶痕。芽又分为叶芽和花芽，叶芽展开后形成的枝叶称为新梢。新梢展叶后，分为一芽一叶梢和一芽二叶梢，摘下后即是制茶用的鲜叶原料。茶树的枝茎有很强的繁殖能力，将枝条剪下一段插入土中，在适宜的条件下即可生成新的植株。

茶树的叶子由叶片和叶柄组成，没有托叶，属于不完全叶。在枝条上为单叶互生，着生的状态因品种不同而不同，有直立状、半直立状、水平状、下垂状四种。茶树叶片的大小、色泽、厚度和形态，因品种、季节、树龄及农业技术措施等的不同而有显著差异。叶片形状有椭圆形、卵形、长椭圆形、倒卵形、圆形等，以椭圆形和卵形为最多。成熟叶片的边缘上有锯齿，一般为 16~32 对。叶片的叶尖有急尖、渐尖、钝尖和圆尖之分。叶片的大小，长的可达 20 厘米，短的 5 厘米，宽的可达 8 厘米，窄的仅 2 厘米。茶树叶片上的茸毛，即一般常指的"毫"，也是它的主要特征。茶树的嫩叶背面生着茸毛，是鲜叶细嫩、品质优良的标志，茸毛越多，表示叶片越嫩。一般从嫩芽、幼叶到嫩叶，茸毛逐渐减少。

花是茶树的繁殖器官之一。茶树的花分为花托、花萼、花瓣、雄蕊、雌蕊五个部分，属于完全花。茶树的花为两性花，多为白色，少数呈淡黄或粉红色，稍微有些芳香。其花瓣通常为 5~7 瓣，呈倒卵形，基部相连，大小因品种不一而不同。茶花由受粉至果实成熟，大约需 16 个月。在这期间，仍不断产生新的花芽，继续开花、受粉，产生新的果实，同时进行花与果的形成，这也是茶树的一大特征。

茶树的果实是茶树进行繁殖的主要器官。果实包括果壳、种子两部分，属于植物学中的宿萼蒴果类型。果实的形状，因发育籽粒的数目不同而异，一般一粒者为圆形，两粒者近长椭圆形，三粒者近三角形，四粒者近正方形，五粒者近梅花形。果壳幼时为绿色，成熟后变为褐色。果壳起到保护种子发育和帮助种子传播的作用，质地较坚硬，成熟后会裂开，种子自落于地面。

茶树种子多为褐色，也有少数黑色、黑褐色，大小因品种不同而异，结构可分为外种皮、内种皮与种胚三部分。辨别茶籽质量的标准是：外壳硬脆，至棕褐色，在正常采收和保管下，发芽率在 85% 左右。

5. 茶树的生长环境与栽培

（1）气候　茶树性喜温暖、湿润，在南纬45度与北纬38度间都可以种植，最适宜的生长温度在18~25℃，不同品种对于温度的适应性有所差别。一般小叶种的茶树，抗寒性与抗旱性均比大叶种强。年降水量在1500毫米左右且分布均匀，朝晚有雾，相对湿度保持在85%左右的地区，较有利于茶芽发育及茶青品质。长期干旱或湿度过高均不适于茶树栽培。

（2）光照　茶作为叶用作物，极需要日光。日照时间长、光度强时，茶树生长迅速，发育健全，不易患虫害病，且叶中多酚类化合物含量增加，适于制造红茶。反之，茶叶受日光照射少时，茶质薄，不易硬化，叶色富有光泽，叶绿质细，多酚类化合物少，适制绿茶。光带中的紫外线对提高茶汤的水色及香气有一定影响。高山的紫外线较平地多，且气温低，霜日多，生长期短，所以高山茶树矮小，叶片亦小，茸毛发达，叶片中含氮化合物和芳香物质增加，故高山茶香气优于平地茶。

（3）土壤　茶树适宜在土质疏松、土层深厚、排水与透气良好的微酸性土壤中生长。虽在不同种类的土壤中都可生长，但以酸碱度（pH值）在4.5~5.5为最佳。土层深厚，至少1米以上，茶树的根系才能发育和发展，若有黏土层、硬盘层或地下水位高，都不适宜种茶。石砾含量不超过10%，且含有丰富有机质的土壤是较理想的茶园土壤。

（4）茶树的栽培　茶树作为异交作物，其遗传物质极其复杂，通过有性繁殖的后代无法保存品种原有特性。因此，目前普遍采用无性的方式——扦插育苗法。扦插是剪取茶树植株的某一营养器官，如枝、叶、根的一部分，按一定方法栽培于苗床上，使其成活为茶树幼苗。扦插育苗法取材方便，成本低，成活率高，繁殖周期短，能充分保持母株的性状和特性，有利于良种的推广，而且育成的茶苗品种纯一，长势整齐，便于采收及管理。世界各大产茶园都已采用这种方法。茶树种植时期在每年11月至次年3月下旬之间，雨季前后时均可种植。

6. 茶叶的采摘

茶树的新梢生长达到采收标准时，即可采摘，采下的芽叶为制茶的原料。采摘有人工采摘和机械采摘两种方式。人工采量比机械少，成本高，价格也较昂贵，但选择性较大，叶片也较完整；机械采茶成本较低，但是茶叶无选择性，茶梗、老叶、嫩叶混合在一起。由于成本的不同，售价也不同。

我国大部分产茶地区茶叶生长有明显的季节性。例如：江北茶区（山东日照）新梢生长期为5月上旬至9月下旬；江南茶区（浙江杭州）新梢生长期为3月下旬至10月中旬；西南茶区（云南勐海）新梢生长期为2月上旬至12月中旬；华南茶区（海南岛）新梢生长期为1月下旬至12月下旬。一般而言，地处亚热带的茶区，大都分春、夏、秋季采茶，但茶季没有统一的划分标准，有的以时令分：清明至小满为春茶，小满至小暑为夏茶，小暑至寒露为秋茶。有的以时间分：5月底以前采收的为春茶，6月初至7月上旬采收的为夏茶，

7月中旬开始采收的为秋茶。地处热带的我国华南茶区，除了分春、夏、秋茶外，还有以新梢轮次分的，依次称头轮茶、二轮茶、三轮茶……江北茶区，冬季茶园搭棚，棚内温度条件改变，使得茶树在冬季亦可萌芽、采收。

茶叶萌芽分为早生、中生、晚生三大类。早生种一般在2月下旬萌芽，3月下旬开始采摘；中、晚生种则各依次延迟十几日。中国大部分茶区，对茶树合理采摘是按"标准、及时、分批、留叶采"的规则来进行的。不同茶类对原料茶叶有不同的采摘标准，要根据生产实际和市场需求来制订。

（1）大宗茶类的适中采标准　适中采是指当新梢生长到一定程度时，采下一芽二叶、一芽三叶和细嫩对夹叶。这是我国目前内外销的大宗红、绿茶普遍的采摘标准，如眉茶、珠茶、工夫红茶等，它们均要求鲜叶嫩度适中。这种采摘标准能够兼顾茶叶的产量与品质，经济效益较高。如果过于细嫩采，品质虽提高，但产量相对降低，采工的劳动效率也不高。但如果茶叶太粗老，芽叶中所含的有效化学成分显著减少，成茶的色、香、味、形均受到影响。

（2）名优茶的细嫩采标准　细嫩采一般是指采摘单芽、一芽一叶及一芽二叶初展的新梢，这是多数名优茶的采摘标准，如古人所云的"雀舌""莲心""拣芽""旗枪"等。采用这一标准的有特级龙井、碧螺春、君山银针、黄山毛峰、石门银峰及一些芽茶类名茶等。这种采摘标准费时、产量低、品质佳、季节性强、经济效益高。

（3）乌龙茶类的开面采标准　我国某些传统的乌龙茶类，要求有独特的风味，加工工艺特殊，其采摘标准是待新梢长至3~5叶将要成熟至顶芽最后一叶刚摊开时，采下2~4叶新梢，这种采摘标准俗称"开面采"。如果鲜叶采得过嫩并带有芽尖，芽尖和嫩叶在加工过程中易成碎末，制成的乌龙茶往往色泽红褐灰暗，香气不高，滋味不浓；如果采得太老，外形显得粗大，色泽干枯，滋味淡薄。一般掌握新梢顶芽最后一叶开展一半时开采，按此标准采摘的茶叶比大宗红、绿茶采摘的茶叶要成熟、粗大。根据研究，对乌龙茶香气、滋味起重要作用的醚浸出物和非酯型儿茶素含量多，单糖含量高，乌龙茶品质就高。按这种采法，全年采摘批次减少。近年来，因消费者较喜欢汤色绿、芽叶细嫩的品质特征，乌龙茶生产原料也有采用较细嫩芽叶进行加工的现象。

（4）边销茶类的成熟采标准　传统用于黑茶和砖茶生产的原料，采摘标准的成熟度比乌龙茶还要高，其标准是待新梢一芽五叶充分成熟，新梢基部已木质化、呈红棕色时，再进行采摘。这种新梢有的经过一次生长，有的已经过两次生长；有的一年只采一次，有的一年采摘两次。这种等成熟度较高才采摘的原因：一是适应消费者的消费习惯；二是饮用时要经过煎煮，能够把这种原料的茶叶和梗子中所含成分煎煮而出。随着人们生活习惯的变化和生活水平的提高，边销茶也在发生变化。目前，边销茶产区也进行不同成熟度兼采的方法，生产不同级别的黑茶和砖茶，以适应不同消费群体的需求。

3.1.2 茶叶种类

1. 茶叶命名

茶叶作为一种商品必须有名称，每一种茶叶应有各自名字作为标志。然而，我国茶叶生产历史悠久，分布较广，茶叶品种繁多，制法各异，品质更是百花齐放，同时产地、民族、地理风俗习惯不同，茶的命名亦各不相同。茶叶命名主要以茶叶形状、色香味、茶树品种、产地、采摘时期、制茶技术及销路等不同命名，少有以创制人命名。在实际应用中，也常见多种方法来命名的。

1）以茶叶形状命名最多，如珍眉、瓜片、紫笋、雀舌、松针、毛峰、毛尖、银峰、银针、牡丹等。

2）以茶叶色香味命名较多，如黄芽、（敬亭）绿雪、白牡丹、白毫银针（形容干茶色泽）、温州黄汤（形容汤色）、云南十里香、（安徽舒城）兰花和（安溪）香橼（指香气）、（泉州）绿豆绿、（江华）苦茶、（安溪）桃仁（指滋味）。

3）以采摘时期和季节命名，如探春、次春、明春、雨前、春蕊、春尖、秋香、冬片、春茶、夏茶、秋茶等。

4）以制茶技术不同命名，如炒青、烘青、蒸青、工夫红茶、红碎茶、白茶、窨花茶等。

5）以茶树品种不同命名，如乌龙、水仙、铁观音、毛蟹、大红袍、黄金桂等。

6）以销路不同命名，如内销茶、外销茶、侨销茶、边销茶等。

7）以茶叶产地不同命名，一般称为地名茶，如顾渚紫笋、西湖龙井、洞庭碧螺春、武夷岩茶、南京雨花茶、安化松针、信阳毛尖、桐城小花、黄山毛峰、祁门红茶、蒙顶甘露、霍山黄芽、都匀毛尖、屯绿等。

2. 茶叶分类依据

茶叶分类是根据茶叶品质、制法等的不同进行科学合理的梳理，使混杂的茶名建立起有条理的系统，便于识别其品质和制法的差异。茶叶理想分类方法必须具备以下条件：品质的系统性和制法的系统性，同时结合主要的内含物变化的系统性。茶叶加工主要是反映纯茶叶的加工及品质，茶的延伸产品则应由延伸产品来反映，如茶食品，其品质特征则应是食品的品质，而非茶的品质。因此，茶的延伸产品、茶叶健康功能性产品等不应归属于茶叶分类的范畴。

1）茶叶分类应以制茶的方法为基础，茶叶有如此多的种类是因为制法的演变。每一茶类都有共同的制法特点，如红茶都有促进酶的活化，使叶内多酚类化合物较充分氧化的渥红（也称"发酵"）过程；绿茶都应破坏酶的活化，制止多酚类化合物酶促氧化的杀青过程等。制法有共同的特点，反映在品质上也应相似。工夫红茶和小种红茶品质相近，制法相似。

2）茶叶分类应结合茶叶品质的系统性。每种茶叶都有一定的品质特征，而每类茶叶都应有共同的品质特征，如绿茶应具有"清汤绿叶"的品质特征，红茶都具有"红汤红叶"的品质特征，青茶应有"三红七绿"的品质特征。色泽相同的各种茶叶归属于某一茶类，在色泽上特征相同，只是色度深浅、明亮暗枯不同。色泽不同的则应归不同茶类。因为色泽反映了茶叶品质，色泽不同品质不同，制法也不一样，通过色泽变化的系统性可以了解品质的变化、制法的差异，进行不同的归类。另外，品质反映在外形上，外形不同、制法不同，品质也不一样，分类也要反映外形的差异。

3）再加工茶的分类应以品质来确定。一般来说毛茶品质基本稳定，在毛茶加工过程中，品质变化不大，如花茶在窨制过程中品质稍有变化，但未超越该茶类的品质系统，应仍属该毛茶归属的茶类。对于再制后品质变化很大，与原来的毛茶品质不同的，则应以形成的品质归属于相近的茶类。例如：云南沱茶、饼茶、圆茶等均以晒青绿茶进行加工，不经过"渥堆"过程，品质变化较小，其制法与品质接近绿茶，应归于绿茶类；但经过"渥堆"过程，品质发生了较大变化，则与绿茶不同，应归于黑茶类。

3. 茶叶分类的方法

茶叶分类方法有很多种。根据制造方法和品质上的差异，茶叶分为绿茶、红茶、乌龙茶（青茶）、白茶、黄茶和黑茶六大类。按照生产季节分为春、夏、秋、冬茶，春茶可进一步分为头春茶、二春茶、三春茶等，头春茶在清明前采摘的称为明前茶，在谷雨前采摘的称为雨前茶。也有的按照发芽轮次分为头、二、三、四茶，头茶相当于春茶，二茶为夏茶（或称紫茶），三茶是秋茶。少数地区把夏茶前期称为暑茶，后期称为秋茶或四茶。按照加工过程分为粗加工（粗制）、精加工（精制）和深加工（再加工）三个过程，茶叶分为毛茶和成品茶两大类。其中，毛茶分绿茶、红茶、乌龙茶、白茶和黑茶五大类，黄茶归为绿茶一类。成品茶包括精致加工的绿茶、红茶、乌龙茶、白茶和再加工而成的花茶、紧压茶和速溶茶等七类。按照鲜叶加工方法不同，首先可分为杀青茶类和萎凋茶类两大类。杀青茶类根据氧化程度轻重可分为绿茶、黄茶和黑茶三类。萎凋茶类根据萎凋程度轻重可分为乌龙茶、红茶和白茶三类。按照销路分类是贸易和命名上的习惯，一般分为外销茶、内销茶、边销茶和侨销茶四类。按生产地区来命名也比较普遍，如中国绿茶和锡兰红茶。也有的以产茶省或相当于省的邦州或区命名，如印度的阿萨姆红茶，中国的云南红茶、四川红茶、浙江龙井茶等。现在比较通行的办法是将茶叶分为基本茶类和再加工茶类，基本茶类有绿茶、红茶、乌龙茶、白茶、黄茶和黑茶六大类，再加工茶类则有花茶、紧压茶、萃取茶、果味茶、药用保健茶、含茶饮料等。还有的将非茶之茶也列为一类。市场上非茶之茶很多，均不属于茶叶的范畴，但它却以保健茶或药用茶的形态出现，如罗布麻茶、人参茶、杜仲茶等。它们也可分为两大类：一类是具有保健作用的，称为保健茶，也叫药茶，它以某些植物茎叶或花为主料，再与少量的茶叶或其他食物做调料配制而成，例如绞股蓝茶；另一类是当休闲零食食用的点心茶，例如青豆茶、钢巴茶等。

我国茶类极其丰富，简单的分类反映不出茶叶加工及茶叶品质的系统性。因此，我国学者提出了多种分类方法。这其中，我国著名的茶学专家陈椽从茶叶品质系统性和制法的系统性提出的"六大茶类分类"（见图3-1），已得到国内外茶业界广泛认同，并在茶叶科学研究、生产及贸易中广泛应用。

基本茶类
- 绿茶
  - 炒青绿茶
    - 眉茶炒青（特珍、凤眉等）
    - 珠茶（珠茶、雨茶、贡熙等）
    - 细嫩炒青（龙井、大方、碧螺春、雨花茶等）
  - 烘青绿茶
    - 普通烘青（闽烘青、浙烘青、徽烘青、苏烘青等）
    - 细嫩烘青（黄山毛峰、太平猴魁、华顶云雾等）
  - 晒青绿茶（滇青、川青、陕青等）
  - 蒸青绿茶（煎茶、玉露等）
- 红茶
  - 小种红茶（正山小种、烟小种等）
  - 工夫红茶（滇红、祁红、川红、闽红等）
  - 红碎茶（叶茶、碎茶、片茶、末茶）
- 乌龙茶（青茶）
  - 闽北乌龙（武夷岩茶、水仙、大红袍、肉桂等）
  - 闽南乌龙（铁观音、奇兰、水仙、黄金桂等）
  - 乌龙（凤凰单丛、凤凰水仙、岭头单丛等）
  - 台湾乌龙（冻顶乌龙、包种、乌龙等）
- 白茶
  - 白芽茶（银针等）
  - 白叶茶（白牡丹、贡眉等）
- 黄茶
  - 黄芽茶（君山银针、蒙顶黄芽等）
  - 黄小茶（北港毛尖、沩山毛尖、温州黄汤等）
  - 黄大茶（霍山黄大茶、广东大叶青等）
- 黑茶
  - 湖南黑茶（安化黑茶等）
  - 湖北老青茶（薄圻、老青茶等）
  - 四川边茶（南路边茶、西路边茶等）
  - 滇桂黑茶（普洱茶、六堡茶等）

再加工茶类
- 花茶（茉莉花茶、珠兰花茶、玫瑰花茶、桂花茶等）
- 紧压茶（黑砖、茯砖、方茶、饼茶等）
- 萃取茶（速溶茶、浓缩茶等）
- 果味茶（荔枝红茶、柠檬红茶、猕猴桃茶等）
- 药用保健茶（减肥茶、杜仲茶、甜菊茶等）
- 含茶饮料（茶可乐、茶汽水等）

图3-1　六大茶类分类法

4. 基本茶类

绿茶。绿茶类属于不发酵茶。茶叶颜色普遍是翠绿色，泡出来的茶汤为绿黄色，因此称为绿茶。例如雨花茶、龙井、碧螺春、黄山毛峰、太平猴魁等。

红茶。红茶类属于全发酵茶。红茶有碎片状、条形等不同形状。早期红茶叶色乌，泡出来的茶汤呈朱红色，所以叫红茶。例如，祁门红茶、滇红、宁红、宜红等。英文把红茶称作Black Tea，外国人是看茶叶的颜色命名的。

青茶。青茶类属于半发酵茶，又称乌龙茶，种类繁多。这种茶呈深绿色或青褐色，泡出来的茶汤则是蜜绿色或蜜黄色。例如，冻顶乌龙茶、闽北水仙、铁观音、武夷岩茶、凤凰单丛等。

白茶。白茶类属于部分发酵茶。白茶刚泡出来的茶汤呈象牙白，又因白茶是采自茶树的嫩芽制成的，细嫩的芽叶上面盖满了细小的白毫，白茶的名称就因此而来。例如，白毫银针、白牡丹、寿眉等。

黄茶。黄茶类属于部分发酵茶。黄茶是一种发酵不高的茶类，制造工艺类似绿茶，在加工过程中加以闷黄，因此，具有黄汤黄叶的特点。例如，君山银针、蒙顶黄芽、霍山黄芽等。

黑茶。黑茶类属于后发酵茶（随时间的推移，其发酵程度会变化）。这类茶大部分销往我国边疆地区，少部分销往俄罗斯等海外地区。因此，习惯上把黑茶制成的紧压茶称为边销茶。例如，普洱熟茶、湖南黑茶、老青茶、六堡散茶等。

5. 再加工茶

花茶。花茶是将茶叶加花窨烘而成（发酵度视茶类不同而有所区别，在我国，大陆以绿茶窨花多，台湾地区以青茶窨花多，目前红茶窨花越来越多）。这种茶富有花香，以窨的花种命名，又名窨花茶、香片等，饮之既有茶味，又有花的芬芳，是一种再加工茶叶。例如，茉莉花茶、桂花乌龙茶、玫瑰红茶等。

紧压茶。紧压茶以红茶、绿茶、青茶、黑茶的毛茶为原料，经加工、蒸压成型而制成。因此，紧压茶属于再加工茶类。中国目前生产的紧压茶，主要有沱茶、普洱方茶、竹筒茶、米砖、花砖、黑砖、茯砖、青砖、康砖、金尖茶、方包茶、六堡茶、湘尖、紧茶、圆茶和饼茶等。

萃取茶。萃取茶以成品茶或半成品茶为原料，用热水萃取茶叶中的可溶物，过滤掉茶渣后的茶汁，经浓缩或不浓缩，干燥或不干燥，制备成固态或液态茶，统称萃取茶，主要有罐装饮料茶、浓缩茶及速溶茶。

果味茶。果味茶是在茶叶半成品或成品中加入果汁后制成的各种含有水果味的茶。这类茶叶既有茶味，又有果香味，风味独特。我国生产的果味茶主要有荔枝红茶、柠檬红茶、山楂茶等。

药用保健茶。药用保健茶是指用茶叶和某些中草药或食品拼和调配后制成的各种保健茶。茶叶本来就有营养保健作用，经过调配，更加强了它的某些防病治病的功效。保健茶种类繁多，功效也各不相同。

含茶饮料。含茶饮料是在饮料中添加各种茶汁而开发出来的新型饮料，如茶可乐、茶露、茶叶汽水等。

6. 非茶之茶

因制茶技术的发展及市场的需要，出现了以茶叶为基础再加工的茶，或将茶叶添加其他材料以产生新的口味的茶，称添加味茶。例如，液态茶、茶叶配上草药的草药茶、八宝茶。有的根本是没有茶叶的非茶之茶，如杜仲茶、冬瓜茶、绞股蓝茶、刺五加茶、玄米茶等。此类茶大都因有一定疗效而被人们饮用，因此，也被称为保健茶。

3.1.3 茶叶加工工艺及特点

1. 中国现代茶叶初制与精制

中国传统的制茶方法分初制和精制两个过程。

茶叶初制，就是将采来的鲜茶叶通过一系列制造工序制成干毛茶的过程。制造工序不同，制成的茶叶就不一样，这就是形成不同茶类的关键所在。也就是说，同样的鲜叶原料采用不同的制茶工序就形成了不同的茶类。茶叶精制，就是对干毛茶进行进一步的加工整理，包括筛分、风选、复火、切断、拣剔、匀堆、装箱等过程，最终使茶叶达到整齐一致、符合各等级商品茶的规格要求。这种精制过程，不同茶类有不同的要求，有简有繁。

中国现代生产的基本茶类依发酵程度的轻重，依次分为绿茶、白茶、黄茶、乌龙茶（青茶）、红茶与黑茶六大类。六大茶类是因加工方法不同而形成的，其实质是加工过程中茶多酚氧化程度即发酵程度不同而形成了不同的品质特征。六大茶类大概的氧化程度是：绿茶约小于10%；白茶5%～10%；黄茶10%～25%；乌龙茶发酵程度有轻有重，在20%～70%范围内，其中文山包种只有20%左右，白毫乌龙可达70%，铁观音约为40%；红茶达80%左右；黑茶类70%～95%，其中普洱熟茶约95%。

2. 绿茶的加工

绿茶的加工基本工序是：摊晾→杀青→揉捻造型→干燥。

杀青是利用高温抑制酶活性，使茶叶保持绿色，形成绿茶清汤绿叶的品质特点；同时，利用高温去除青草气形成茶香；高温还会除去一部分水分，使叶子变软，有利于揉捻成条或造型。杀青常用锅或滚筒加热进行，也有用蒸汽杀青的。

杀青程度要掌握适当。杀青不足，酶活性不能及时抑制，茶多酚继续氧化，轻者叶色泛黄，重者易造成红梗红叶。

揉捻通常用揉捻机进行,通过挤压使叶细胞受损,叶汁附于叶表,便于冲泡时水溶性内含物溶于茶汤。揉捻又使叶子呈条状,这是曲条形和直条形绿茶造型的方法。另有很多名优绿茶不进行揉捻,如扁形的龙井茶只在锅中边炒边压扁即可。兰花形的太平猴魁和江山绿牡丹也是在锅中轻抓轻拍进行造型的。需揉捻的茶叶,揉捻程度要适当,若投叶量太大,则易造成松、扁、碎。

干燥是定型和形成香气的工序,干燥一般用锅和烘干机进行。有不少绿茶是在干燥过程中边干燥边造型的,如珠茶是在炒干中卷曲成珠形的,又如碧螺春也是在边烘边搓团中卷曲成螺形的。千姿百态的名优绿茶,都是干燥过程中运用不同的造型方法而形成的。干燥时温度要适当,温度过高易导致色黄和干焦。

3. 白茶与黄茶的加工

1)白茶加工的基本工序是:萎凋→干燥。

制造白毫银针的鲜叶采回来以后,要将茶芽与叶片分离,这个过程称为抽针。茶芽制造银针,叶片制造寿眉,也有采摘时直接采下肥壮的单芽制造银针的。

萎凋是采取薄摊叶子,使叶子慢慢失水,叶质变软,形成茶香,失水以减重 30% 为度。萎凋的方法有日光萎凋和室内自然萎凋两种。

干燥是进一步失水和成形的过程,通常第一天利用阳光晒至六七成干,第二天继续晒至八九成干,再烘至足干。

如天气干爽,也可以将茶芽叶均匀薄摊于水筛上,芽叶不重叠,不翻动,历时 35~45 小时,待青气消失,七八成干时进行并筛,让茶叶自然失水干燥,最后用文火慢慢烘干即可。

2)黄茶加工的基本工序是:杀青→揉捻→闷黄→干燥。

不同的黄茶制造工序有所差异。黄芽茶如君山银针一般不经过揉捻,只在杀青后进行初烘,失去部分水分后进行包茶闷黄,最后进行干燥。湖北的黄茶远安鹿苑,是杀青后稍摊开晾凉再入锅炒至七八成干,然后进行闷堆变黄,最后炒干。

闷黄是黄茶形成黄汤黄叶特征的关键工序。闷黄时间的长短依不同黄茶有所差异,温州黄汤闷黄时间最长,需堆闷 2~3 天,而且最后还要进行闷烘,黄变程度较充分。北港毛尖闷黄时间最短,只需 30~40 分钟。沩山毛尖、鹿苑毛尖、广东大叶青一般需闷 5~6 小时。君山银针需二烘二闷。蒙顶黄芽需三烘三闷,烘闷交替进行,历时 2~3 天,黄变比较充分。传统的霍山黄大茶,堆闷时间甚至长达 5~7 天,但由于堆闷的茶叶含水量低,通常烘至九成干后再堆闷,黄变十分缓慢。黄大茶的黄褐色泽主要是在其后的先低后高的干燥过程中形成的。闷黄以后,黄茶消除了苦涩味,滋味变得更加甜醇。

4. 红茶的加工

红茶加工的基本工序是:萎凋→揉捻或揉切→发酵→干燥。

萎凋是失水过程,为揉捻造型做准备。萎凋的方法有室内自然萎凋、日光萎凋和萎凋槽加温萎凋三种，室内自然萎凋的红茶一般品质较好。

揉捻或揉切是一个造型过程。工夫红茶需要揉捻成条，而红碎茶则需要揉切成小颗粒形碎片。揉切机具有像绞肉机似的转子，双滚齿式的称 CTC 切茶机。工夫红茶揉捻要充分，揉捻不足，条索松而不紧，滋味淡。

发酵是红茶品质形成的关键工序。绿色的叶子通过发酵，茶叶中的茶多酚在多酚氧化酶作用下氧化聚合形成茶黄素和茶红素，使叶子变红，形成红汤红叶的特征。发酵程度要掌握得恰到好处，才能形成汤色红艳明亮，香高味鲜爽。若发酵不足，则汤色欠红、滋味淡薄、香气青涩；若发酵过度，则汤色发暗、香味不鲜爽。

干燥是定型和形成茶香的过程，用烘干机进行干燥，通常进行毛火和足火两次干燥。

中国红茶加工，近年来已采用了可控式供氧发酵、流化床式烘干和烘干机输送带供热干燥等技术，从而使红茶加工品质显著提高。

红碎茶的初制毛茶进行筛分、风选、拣梗等精制工艺处理后制成的精制茶，有碎茶一号、碎茶二号以及叶茶、片茶和末茶。

5. 乌龙茶的加工

乌龙茶加工的基本工序是：晒青→晾青→做青→杀青→揉捻→锅炒→包揉→干燥。

乌龙茶的加工比较复杂，杀青之前的工序类似红茶，杀青以后的工序类似绿茶。

晒青。晒青是乌龙茶形成花果香所必需的工序，适当晒青可以激活糖苷酶活性，有利于乌龙茶香气的形成。

晾青、做青。晾青、做青是乌龙茶香气形成的关键工序。叶子稍晒软后就收叶在室内晾青，待叶子走水"复活"后进行摇青做青，叶子经碰撞后，边缘有所破损开始发酵。传统武夷岩茶要做到"绿叶红镶边"，称为三分红七分绿。不同的乌龙茶，发酵程度是不一致的，很多轻发酵的乌龙茶，要求不出现明显的红变，叶子外表仍为绿色，叶子内部则发生了显著的化学变化，产生了较多的花果香物质。因此，摇青程度的轻重是根据不同乌龙茶的品质要求而定的，轻发酵乌龙茶摇青程度较轻，摇青次数少；重发酵乌龙茶摇青程度较重，摇青次数较多。各类乌龙茶的发酵程度大致见表 3-1。

表 3-1　各类乌龙茶的发酵程度

茶　　名	发 酵 程 度	品 质 特 征
文山包种	20%左右	汤色绿黄，叶底黄绿
冻顶乌龙	30%左右	汤色金黄，叶底褐绿
铁观音	40%左右	汤色深金黄，叶底青褐，少许红边
凤凰单从	50%左右	汤色橙黄，叶底黄褐，有红边
大红袍	60%左右	汤色橙黄红，叶底深褐，红边明显
白毫乌龙	70%左右	汤色橙红，叶底红褐

清香型铁观音的做青技术具有"轻萎凋、轻摇青、轻发酵、薄摊青、长晾青、不堆青"的特点，叶片一般呈"一分红九分绿"的状态。现代乌龙茶做青多采用空调间做青，清香型乌龙茶做青间温度要保持在 18~19℃，相对湿度为 65%~75%；浓香型乌龙茶做青间温度为 20~22℃，相对湿度为 70%~80%。低温做青有利于香气物质的形成与积累，有利于多酚等苦涩味物质的转化。

炒青。炒青是停止发酵、稳定色泽的重要工序，一般宜遵循"高温、少量、重炒"的原则，炒至叶子含水率达 40% 左右为宜。

包揉。包揉是颗粒形（或称半球形）乌龙茶生产的必要工序，因为只有通过反复包揉，叶片才能卷曲成颗粒状。传统乌龙茶多采用热包揉的方式，便于造型。现代清香型乌龙茶多采用冷（温）包揉技术，避免叶绿素降解和多酚类物质过多氧化，有利于砂绿油润色泽的形成，同时采取现代包揉机械进行强有力的反复包揉，保证颗粒紧结。

烘干。烘干是固定外形、提高香气的重要工序，要求掌握"低温、通气、薄摊"的原则，采用较低温进行慢烘，使乌龙茶香气更好。前半小时开箱烘，使冷热风对流，有利于保持绿色。后期关门烘，有利于提高香气。

6. 黑茶的加工

黑茶加工的基本工序是：杀青→揉捻→堆积发酵→干燥。

黑茶的种类很多，堆积发酵工序有的在干燥前，有的在干燥后。如湖南安化的黑茶是在干燥前，而云南的普洱熟茶是在干燥后。所谓后发酵是指茶叶已经过高温处理（杀青或干燥）后再进行的发酵。这个后发酵过程是微生物作用和湿热作用同时作用的过程，而非像红茶那样的酶性氧化过程。后发酵过程有长有短，短的只有数小时，而长的可达数十天。如湖南黑茶堆积发酵只需 8~18 小时，而云南普洱熟茶则要堆积数十天。经过堆积发酵以后，绿色的叶子变成黑褐色；汤色变深，有的变红；滋味变得浓醇，甚至产生陈香。不少黑茶要经过较长时间的贮存，促进品质的转化与提升。中国主要黑茶加工工序如下。

湖南黑茶：杀青→初揉→渥堆→复揉→干燥。

湖北老青茶：杀青→初揉→初晒→复炒→复揉→渥堆→晒干。

四川南路边茶：杀青→揉捻→渥堆→干燥。

广西六堡茶：杀青→渥堆→复揉→干燥。

云南普洱熟茶：杀青→揉捻→晒干→渥堆→晾干→筛分。

堆积发酵是普洱熟茶品质形成的关键，一般要经过泼水、回潮、堆积、翻堆、风干等步骤。

泼水增湿：为发酵提供充足的水分条件，晒青毛茶一般含水量为 9%~12%，而后发酵的水分含量必须达到 25%~30%，因此要泼水，使之吸潮以利于后发酵的进行。

堆积发酵：通常采用大堆发酵，堆好后茶堆表面再泼水，使表层茶叶湿透，再盖上湿布。大而高的茶堆，有利于升温、保温和保湿。堆积发酵时间为40~50天，每隔5~10天翻堆一次，有利于调温和均匀发酵。

翻堆调温供氧：堆积后第二天就要翻堆，如果水分不足还要补充泼水，翻堆要进行5~7次。发酵时叶温控制在40~65℃。

发酵程度：茶叶呈现红褐色，茶汤滑口，无强烈苦涩味，汤色红浓，有陈香时为适度。

通沟风干：发酵完成后掀去盖布，开沟通风，使茶叶慢慢风干，茶叶含水量达到14%以下时可以进行筛分拣剔。

仓储陈化：干仓储存是促使酯化作用，增加普洱茶陈香味的必要措施。

3.2 中国产茶区及名茶

3.2.1 江北茶区

江北茶区位于长江中下游北部，包括河南、陕西、甘肃、山东等省，以及安徽、江苏、湖北三省北部，属于中国北部茶区。茶区年平均气温为15~16℃，冬季绝对最低温度为-10℃。年降水量约为80毫米，分布不匀，茶树较易受旱。茶区土壤多属于黄棕壤或棕壤，是中国南北土壤的过渡类型，少数山区的气候适宜茶树生长，所产茶叶品质不亚于其他茶区。

江北茶区主要生产绿茶，其中著名的有安徽（皖北）的六安瓜片、舒城兰花茶、天柱剑毫、金寨翠眉、皖西早花茶、岳西翠兰、昭关松针等；江苏（苏北）的花果山云雾茶；湖北（鄂北）的双桥毛尖、车云山毛尖、仙人掌茶、龟山岩绿、隆中茶、碧山松针、棋仙茶、玉茗露等；山东省的沂蒙碧芽、日照雪青、冰绿等；河南的信阳毛尖、灵山剑峰、太白银毫、香山峰、仰天雪绿、清淮绿梭等；陕西的午子仙毫、紫阳毛尖、紫阳翠峰、秦巴雾毫、汉水银梭等。

3.2.2 江南茶区

江南茶区位于中国长江中、下游南部，包括浙江、湖南、江西等省，以及安徽、江苏、湖北三省南部等地，是中国主要茶叶产区，年产量约占总产量的2/3。茶园主要分布在丘陵地带，少数在海拔较高的山区，气候四季分明，年平均气温为15~18℃，冬季绝对最低气温在-8℃左右。年降水量约160毫米，春夏季雨水最多，占全年降水量的60%~80%，秋季干旱，茶区土壤主要为红壤，部分为黄壤，少数为冲积土。

江南茶区主要名茶如下。

浙江的西湖龙井、顾渚紫笋、惠明茶、平水珠茶、径山茶、泉岗辉白、日铸雪芽、临海蟠毫、鸠坑毛尖、安吉白茶、双龙银针、开化龙顶、江山绿牡丹、天目青顶、雁荡毛峰、东白春芽、普陀佛茶、华顶云雾、兰溪毛峰、余姚瀑布茶、遂昌银猴、磐安云峰、仙居碧绿、松阳银猴、婺州举岩、望府银毫、越红工夫茶、温红、温州黄汤、莫干黄芽。

湖南的安化松针、高桥银峰、碣滩茶、岳麓毛尖、东湖银毫、桂东玲珑茶、古丈毛尖、黄竹白毫、郴州碧云、江华毛尖、雪峰毛尖、韶峰茶、牛抵茶、官庄毛尖、南岳云雾茶、月芽茶、东岩茗翠、湖红工夫茶、君山银针、沩山白毛尖、北港毛尖、千两茶、黑砖茶、花砖茶、茯砖茶等。

江苏（苏南）的洞庭碧螺春、南京雨花茶、扬州绿杨春、金坛雀舌、金山翠芽、天池茗毫、阳羡雪芽、无锡毫茶等。

安徽（皖南）的黄山毛峰、太平猴魁、涌溪火青、休宁松萝、老竹大方、敬亭绿雪、祁门工夫茶。

江西的庐山云雾、婺源茗眉、狗牯脑、上饶白眉、双井绿、小布岩茶、麻姑茶、黄瑞州黄檗茶、龙舞茶、新江羽绒茶、周打铁茶、九龙茶、山谷翠绿、通天岩茶、窝坑茶、云林茶、攒茶、井冈翠绿、罗峰茶、三清云雾、黄狮茶、婺源墨菊、宁红工夫茶等。

湖北（鄂西南）的恩施玉露、峡州碧峰、金水翠峰、水仙茸勾茶、碧叶青、宜红工夫茶、老青茶、青砖茶、二仙岩青茶等。

3.2.3 西南茶区

西南茶区位于中国西南部，包括云南省、贵州省、四川省、重庆市、西藏自治区东南部，是中国最古老的茶区，是茶树原产地的中心。这里地形复杂，海拔高低悬殊，气候差别很大，大部分属于亚热带季风气候区，冬暖夏凉。四川、贵州、西藏东南部土壤以黄壤为主，少量棕壤；云南地区主要为赤红壤和山地红壤，有机质含量比其他地区丰富。

西南茶区主要的名茶有：云南勐海的南糯白毫、大理的苍山雪绿、下关的翠花茶、宝洪茶（十里香茶）、云海白毫、化佛茶、翠华茶、墨江云针、绿春马玉茶、西双版纳与思茅的普洱茶、勐海的滇红工夫茶、大叶种红碎茶等；四川的竹叶青、永川秀芽、文君嫩绿、峨眉毛峰、蒙顶甘露、蒙顶黄芽、青城雪芽、宝顶绿茶、峨蕊、灵山银芽、云顶绿茶、三清碧兰、四川边茶、康砖茶、金尖、方包茶；重庆的重庆沱茶等；贵州的都匀毛尖、贵定云雾茶、绿宝石、湄江翠片、遵义毛峰、羊艾毛峰等。

3.2.4 华南茶区

华南茶区位于中国南部，包括广东、广西、福建、台湾、海南，这些地区是中国最适宜茶树生长的地区。除闽北、粤北和桂北等少数地区外，其他茶区年平均气温为19~22℃，气温最低月为1月，平均气温为7~14℃，茶树生长期在10个月以上。年降水量是中国茶区之最，在2000毫米左右。茶区土壤以砖红土为主，部分地区也有红壤和黄壤分布，土层深厚，有机质含量丰富。茶树品种资源非常丰富，有乔木、小乔木、灌木等各类型，生产红茶、乌龙茶、花茶、白茶、普洱茶、黑茶等。

华南茶区主要的名茶有：广西的南山白毛茶、桂林毛尖、覃塘毛尖、象棋云雾、凌云白毫、六堡散茶、龙脊茶、桂花茶等；福建的武夷岩茶、大红袍、铁罗汉、白鸡冠、水金龟、肉桂、闽北水仙、白毛猴、龙须茶、佛手、铁观音、黄金桂、色种茶、政和工夫、坦洋工夫、白琳工夫、正山小种、金骏眉、白毫银针、白牡丹、寿眉、茉莉花茶等；广东的凤凰单丛、英德红茶、古劳茶、仁化银毫、大叶青茶、茉莉花茶、玫瑰花茶等；台湾的三峡龙井、冻顶乌龙、阿里山乌龙、包种茶、东方美人、桂花乌龙茶等。

3.2.5 历史名茶

我国历代因贡茶制度产生的种种贡茶，应该属于历史名茶。除此之外，各产茶地区，历史上曾生产的品质优异的好茶，尤其是获得文人雅士好评的，也属于历史名茶。

（1）唐代名茶 唐代茶叶大部分都是蒸青团饼茶，少量是散茶。顾渚紫笋，也称阳羡茶，产于江苏宜兴与长兴之间的顾渚山；蒙顶石花，又名蒙顶茶，产于四川雅安蒙山顶；禅智寺茶，产于江苏扬州蜀冈；方山露芽，又名方山生芽，产于建州（现福建建瓯）；仙人掌茶，产于湖北荆州，压成手掌状；渠江薄片，500克有80片，产于湖南新化安化一带；婺州举岩，煎煮后茶汤色如碧乳，产于江西婺源一带；丫山横纹茶，产于安徽宣城；鸠坑茶，产于睦州，今天浙江千岛湖一带；日铸茶，产于浙江绍兴。

（2）宋代名茶 宋代著名的龙凤团茶，品种很多，著名的品种有太平嘉瑞、万春银叶、小龙凤团茶、曾坑斗品、密云龙、龙团胜雪等，均产于福建北苑贡茶院；双井茶，又名洪州双井、黄隆双井、双井白芽等，产于分宁（现江西修水）、洪州（现江西南昌），属芽茶（即散茶）；蒙谷茶，产于江苏扬州蜀冈，是当时的贡茶，味似蒙顶；宝云茶，产于浙江杭州西湖；腊面茶，产于建州（现福建建瓯），是龙凤团茶前身，在宋代一直有生产；蒙顶茶，产于四川雅安，北宋主产散茶；七宝擂茶，宋代茶馆中常见茶品，制作方法同汉唐时期；修仁茶，产于岭南，为当地民间所饮茶；日铸茶与顾渚茶，是唐代名茶，此时仍是散茶市场上的著名品种，也做成茶饼。

（3）元代名茶 据元代马端临《文献通考》和其他有关文史资料记载的元代名茶有几

十种：头金、骨金、次骨、末骨、粗骨产于建州（现福建建瓯）和剑州（现福建南平）；大巴陵、开胜、开卷、小开卷、翎毛产于岳州（现湖南岳阳）；雨前、雨后、杨梅、草子、岳麓产于荆湖（现湖北武昌至湖南长沙一带）；龙井茶，产于浙江杭州，属散芽茶；阳羡茶，产于江苏宜兴；武夷茶，产于福建武夷山一带。另外，龙凤团茶在元代仍为贡茶，品种很多。

（4）明代名茶　明洪武二十四年，诏罢贡龙团，散茶开始成为主流。罗岕茶，产于江苏宜兴，是明代第一名茶，制作工艺极精；松萝茶，明代传奇茶品，据说有神奇的药用功效；天池茶，产于江苏苏州，名气仅在罗岕、松萝之后；兰雪芽，明末张岱在日铸茶的基础上，用松萝茶工艺制作而成；六安茶，产于安徽六安，明代著名茶品，有人评为第一；普洱茶，明代开始作为贡茶，明清两代京城中满族及蒙古人爱饮，其他主要是作为边茶；福鼎白茶，明代茶人推为品质最洁净的茶；武夷岩茶，产于福建崇安武夷山，清代中后期开始为人所知；鼓山茶，产于福建鼓山灵源洞；小岘春，产于安徽六安；江西乌（早期的红茶），产于江西福建一带；正山小种，最早的红茶品种，主要用于出口。

3.3　茶叶品鉴与储存

3.3.1　茶叶品质鉴别知识

1. 茶叶色、香、味、形的由来

茶叶加工方法不同，所形成的各茶类的品质特征也不相同。茶叶的品质特征主要表现在外形和内质两方面。外形指茶叶的外观特征，即茶叶的造型、色泽、匀整度、匀净度等能看到的直观特征；茶叶的内质指茶叶经冲泡后所表现出的香气、汤色、滋味及茶渣（即叶底的形态、色泽）等特征。概括来说，茶叶的品质特征即是茶叶的色、香、味、形。

（1）茶叶形状的形成　茶叶的形状依揉捻做形的手法而定：以按压法炒出来的是扁形茶，如龙井、大方；经过搓揉，茶叶会变得卷曲，做出来的就是卷形茶，如碧螺春、蒙顶甘露等；针形茶在制茶时搓而不揉，如雨花茶、玉露茶等；晒青的茶因为没有外力干预，形状自然；束形茶要用细绳将茶叶扎起来，有菊花形、龙须形、元宝形等。中国茶叶品种繁多，尤其在名优绿茶中，茶叶外形是重要的评价指标之一，所以人们在做茶的时候都会将茶叶做成各种形状，犹如精美的工艺品，具有较高的艺术欣赏价值。红茶根据加工方法的不同，有条形红茶和红碎茶之分。条形红茶经精制加工后又称为工夫红茶。红碎茶是红茶加工过程中经"揉切"工序，将茶条切细，呈颗粒状，使冲泡时茶汁能迅速溶出，适合制作袋泡茶。

黑茶中的黑毛茶原料较粗老，外形虽为条形，但显粗松，经压制成型后，根据压制模型的不同，可以分为砖块形茶（如花砖、黑砖、茯砖、老青砖等）和枕形茶（如康砖、金尖等）。另外，以云南晒青毛茶为原料加工成紧压茶的有沱茶、紧茶等，沱茶为碗白形，紧茶为砖形或蘑菇形。

（2）茶叶色泽的形成　茶叶的色泽是因鲜叶中所含的有色物质，经过不同的加工工艺产生变化而形成的。不同的茶类表现出不同的干茶、茶汤和叶底色泽。鲜叶中的有色物质，主要有叶绿素、胡萝卜素、叶黄素、黄酮类物质和花青素等。其中叶绿素有叶绿素 a 和叶绿素 b 两种，叶绿素 a 呈蓝绿色，叶绿素 b 呈黄绿色。胡萝卜素呈黄色或橙色，叶黄素呈黄色，黄酮类物质也呈黄色，其氧化产物大都呈黄色或棕红色。

绿茶的基本色为绿色，其成色的成分主要是叶绿素及其降解物质。鲜叶经高温"杀青"，破坏酶的活性，阻止了多酚类的酶促氧化，把绿色的叶绿素固定下来。同时通过"揉捻""干燥"等工序，使一部分叶绿素 a 和叶绿素 b 转化为脱镁叶绿素 a 和脱镁叶绿素 b（绿褐、黄褐色），各色素含量及转化的比例不同，使绿茶色泽产生深浅不同的绿色。一般芽叶嫩度好的绿茶，色泽为嫩绿或翠绿；叶质粗老的绿茶，色泽为黄绿、绿黄甚至黄褐。绿茶的汤色为透亮的黄绿色，这主要是水溶性色素如黄酮类物质及其氧化产物、儿茶素类氧化产物等溶于水中形成的。其中黄酮类有高度的水溶性，所以水溶液呈深绿黄色，这是茶汤呈绿色的主要原因。另外还有微量的叶绿素悬浮颗粒，虽不溶于水，但会产生绿的反光。一般高级绿茶汤色嫩绿，大宗绿茶或鲜叶原料较粗老的绿茶汤色偏黄。

红茶的色泽是由于鲜叶经揉捻、发酵工序，其中的多酚类物质氧化，产生了茶黄素、茶红素、茶褐素。它们的含量高低及与其他有色物质如胡萝卜素、叶黄素、叶绿素等的综合作用与配比，决定了干茶、叶底色泽及汤色的质量。一般鲜叶嫩度好、加工控制程度好的工夫红茶，其外形呈现乌黑油润的特征。大叶种红茶因茶多酚、咖啡因等内含物含量较高，茶多酚氧化产物——茶黄素、茶红素含量高且配比好，故汤色红艳明亮，叶底红艳或红亮。

品质优异的黄茶的色泽为黄汤黄叶。黄茶的制作工序为杀青、烘炒闷黄、干燥。其中"闷黄"工序是使叶绿素进一步脱镁转化，绿色减少，再加上茶黄素、茶红素、黄酮类氧化色素及叶黄素等成分，综合形成黄茶的干茶色泽绿黄、叶底色泽嫩黄或黄亮、汤色绿黄带金圈的品质特征。

白茶色泽灰绿，毫心银白，汤色呈杏黄或浅橙黄，叶底灰绿或黄绿。毫心银白，是鲜叶经萎凋、干燥而成。萎凋过程实质上是鲜叶失水、细胞汁浓缩、酶活性增强的过程，此时叶内少量的茶多酚氧化聚合生成茶黄素、茶红素及其他黄、红色素类物质。同时，叶绿素在酶的作用下向脱镁叶绿素转化，使叶色由鲜绿向暗绿转化。经过干燥后各种有色物质协同作用，形成白茶叶面呈灰绿或铁青的色泽，而叶背及芽心则因未经揉捻，白毫遍布未脱落，形成毫心及叶背银白、内质茶汤呈杏黄或橙黄的色泽特征。

青茶（乌龙茶）的色泽为深翠绿、砂绿、乌绿、青褐或金褐等，汤色为蜜绿、金黄、橙黄或橙红等，叶底为翠绿、深绿、黄绿、金褐或红褐，带红镶边。由于青茶的加工工艺中有萎凋和做青工序，既有类似红茶的萎凋和发酵工序，又有类似绿茶的杀青工序，使青茶的色泽既有绿茶的绿色，又有红茶的乌褐色。茶汤色泽介于绿茶与红茶之间，随发酵程度的逐渐加深由绿色向黄色直至红色转变，叶底色泽也从翠绿向黄绿甚至红褐转变，红镶边逐渐明显。

黑茶的色泽是由于鲜叶经杀青后，在抑制了酶的活性的基础上进行渥堆，使多酚类化合物缓慢发生非酶性氧化，同时叶绿素脱镁转化，绿色减少，加上多酚类氧化产物——茶黄素、茶红素及黄酮类物质的综合作用，使黑茶叶色由绿变为黄褐或黑褐色，汤色呈橙黄或橙红色。

（3）茶叶香气的形成 茶叶品种不同，其香气类型也不相同。茶叶的香气类型主要由茶叶品种、鲜叶质地、采制季节及制茶工艺决定。茶叶品种不同，鲜叶中的内含物质及其组织结构均有差异，因而其芳香物质的成分与含量也不同，如不同品种的青茶（乌龙茶），具有各自的香气特征。优质铁观音有兰花香；黄棪有蜜桃香或梨香；毛蟹有清花香；肉桂有桂皮香；单丛有黄枝香、花蜜香、芝兰香；冻顶茶有兰花香、乳香交融等。铁观音的"音韵"，是指铁观音品种所特有的香味特征。这种茶具有与其他品种不同的某些芳香成分，因而具有其他品种没有的韵味。

品种香气能否充分发挥，还取决于鲜叶质地、采制季节和天气条件。春季新梢生长一致，鲜叶质地好，匀度好，如果天气晴朗，做青温湿度较易调节，加工工艺能正常发挥，芳香物质的转化恰到好处，春茶香气则清纯丰满，品种香气特征明显；夏茶生长参差不齐，多酚类含量高，鲜叶老嫩不均，加之夏季高温，多酚类酶性氧化加速，做青难以达到适度，故香低味涩。

另外制茶工艺不同，形成茶类不同，其内在香气物质的转化及含量也都不同，因而香型各异。如绿茶香气一般为板栗香、烘烤香或清香，这主要因为高温杀青使鲜叶中大量青草气物质挥发，部分转化为中低沸点的清香型香气物质，同时少量高沸点香气物质显露花香或果香，再经高温干燥后，形成带有烘烤香或板栗香的芳香物质，共同形成了绿茶的香气。红茶经过萎凋、发酵，鲜叶中的芳香物质经酶促氧化作用、水解作用和异构化作用后，大量转化或挥发，同时经过干燥工艺，生成部分高沸点的花香和果香型的芳香物质，使红茶香气呈甜香型。红茶香气的形成比绿茶复杂得多，香气组成成分也比绿茶多近三倍。

（4）茶叶滋味的形成 茶叶的滋味是由鲜叶中的呈味物质，经一定的加工工艺适度转化，并经冲泡后溶于茶汤而形成的。鲜叶中的呈味物质按其溶解性可分为水溶性和水不溶性两大类，水溶性物质直接参与滋味的形成，水不溶性物质虽不直接参与呈味，但经不同的制造工艺，在酶及水热作用下，有部分转变为水溶性物质从而对滋味产生影响。鲜叶中的呈味物质主要有多酚类、氨基酸、可溶性糖和咖啡因等，经不同的制造工艺，可形成各不相同的滋味特征。绿茶滋味是在其加工工艺中，各种呈味物质因湿热水解作用、异构化作用等，使多酚类含量下降，苦涩味减少，氨基酸含量有所增加，茶汤的鲜爽度增强，可溶性糖和水溶性果胶也不断增加，使茶汤甜醇度增强，最后形成绿茶浓醇鲜爽的滋味特征。红茶在制造过程中多酚类物质大量氧化，形成茶黄素、茶红素、茶褐素等氧化产物。其中，茶黄素是茶汤刺激性和鲜爽度的决定性成分，茶黄素含量高，则茶汤刺激性强。茶红素是茶汤红浓度和醇度的主体物质，当茶黄素和茶红素的含量高且比例适当时，茶汤滋味浓而鲜爽且富刺激性，是品质好的红茶。茶褐素是使茶汤发暗、叶底暗褐的主要物质，它的含量增多对品质不利。

另外茶树品种不同，鲜叶中呈味物质的含量也不同，如大叶种茶树的多酚类、咖啡因含量高，中小叶种茶树的多酚类、咖啡因等含量相对较低，而蛋白质、氨基酸等含量较高。因而大叶种茶树鲜叶制成的红茶，滋味浓强鲜爽，制成绿茶却会滋味苦涩；小叶种鲜叶制成的红茶滋味达不到浓强的要求，但制成绿茶滋味鲜爽醇厚，品质较好。

2. 茶叶感官审评基本条件

茶叶感官审评是利用人体的嗅觉、味觉、视觉、触觉等感觉器官来评定茶叶品质高低的一门技术。它要求评茶人员必须具备敏锐的感觉器官分辨能力，熟练掌握评茶基本功和制茶基础理论，使评定结果能准确、客观地反映茶叶的品质情况。茶叶感官审评必须在一个环境要求较高的茶叶感官审评室中进行，同时使用统一的标准评茶用具和一套科学的操作方法，以尽量减少因外界影响而产生的审评误差。

（1）茶叶感官审评室的环境条件要求　外部环境条件的要求是环境清静、空气清新、远离闹市，以避免喧杂的环境和污浊的空气对感官审评人员感觉器官灵敏度的影响。室内环境条件要求有专供茶叶感官审评的工作室，一般应置于二层楼以上，地面要求干燥。房屋采取坐南朝北，室内墙壁和天花板为白色，水磨石地面或铺地板、瓷砖；由北面自然采光，无太阳光直射，室内光线应明快柔和，可用荧光灯弥补阴雨天光线不足的情况。室内左右（即东西向）墙面不开窗；背（南）面开门与气窗；正北采光墙面的开窗面积应不少于35%。室内保持空气流畅，各种设备无明显的杂异气味。四周环境要安静，无杂异气味和噪声源。北面视野宽广，有利于减少视力疲倦。审评室的面积应根据工作量而定。若审评室自然采光不足，在干评台及湿评台正上方1.5米处各安装双排荧光灯，干评台工作面光照度约1000勒克斯，湿评台工作面光照度不低于750勒克斯，灯管长度不得小于茶样盘排列长度。除白色荧光灯外，其他色调的灯具都不适合使用。

（2）茶叶感官审评室的设施要求　需要设干评台和湿评台两种评茶台。干评台用于检验干茶外形，在审评时也用于放置茶样罐、茶样盘、天平等。台的高度为80～90厘米，宽度为60～75厘米，长度视需要而定，台下可设抽斗。台面光洁，为黑色，无杂异气味，靠北窗口安放。湿评台是用于开汤审评茶叶内质的审评台，用于放置审评杯、碗、汤碗、汤匙、定时器等，供审评茶叶汤色、香气、滋味和叶底用。台的高度为 75~80 厘米，宽度为 45~50 厘米，长度视需要而定。台面为白色亚光，应不渗水，沸水溢于台面不留斑纹，无杂异气味。审评室内可配置适当的样茶柜或样茶架，用以存放待评茶叶。还需配置碗橱，用于盛放审评杯、碗、汤碗、汤匙、网匙等。橱的尺寸根据盛放用具数量而定，一般采用长×宽×高＝40 厘米×60 厘米×70 厘米。橱设 5 格，要求上下左右通风，无杂异气味。审评杯、碗为纯白瓷烧制，各杯、碗的厚薄、大小和色泽要求一致。审评杯用于开汤冲泡茶叶及审评香气，审评杯为特制白色圆柱形瓷杯，杯盖有小孔，在杯柄对面杯口上有齿形或弧形缺口，审评碗用于审评汤色和滋味。审评碗为白色瓷碗，碗口稍大于碗底，审评杯、碗是配套的。龙茶审评杯呈倒钟形，高 5.2 厘米，上口外径为 8.3 厘米，容量为 110 毫升，杯盖外径为 7.2 厘米，碗高 5.1 厘米，上口外径为 9.5 厘米，容量为 160 毫升。由于速溶茶需审评茶样的溶解状况，须使用透明玻璃器皿进行冲泡，如带有刻度的烧杯等，通常要求器皿容积不得小于 200 毫升。评茶盘用无气味的木板或胶合板制成正方形的盘，外围边长 23 厘米，边高 3.3 厘米。盘的一角开有缺口，以便倒茶，涂无反射光的白色涂料。分样盘用木板或胶合板制成，正方形，内围边长 32 厘米，边高 3.5 厘米，盘的相对两角开有缺口，涂无反射光的白色涂料。扦样匾用竹编成，圆形，直径为 1 米，边高 3 厘米。叶底盘为黑色小木盘或白色搪瓷盘。小木盘为正方形，边长 10 厘米，边高 1.5 厘米，供审评精制茶用。搪瓷盘为长方形，长 23 厘米，宽 17 厘米，边高 3 厘米，一般供审评毛茶叶底用。评茶盘和匾均应编上顺序号码。其他评茶用具还有称茶器用以称取样茶，网匙用以捞取审评碗内和茶汤中的碎茶，计时器供确定茶叶冲泡时间用，吐茶桶供审评时吐茶汁及盛茶渣用，茶匙用于品尝茶汤滋味，烧水壶一般用不锈钢或铝制品。审评用的杯、碗、样茶盘、匾和叶底盘（漂盘）等的数量可根据日常评茶工作量的多少准备充足。

（3）审评用水　评茶用水的优劣，对茶叶汤色、香气和滋味影响极大，如水质差或冲泡方法不当，都会影响茶叶的香味。用水选择：理化指标及卫生指标应符合中华人民共和国 GB 5749 2006《生活饮用水卫生标准》的规定；水质无色、透明、无沉淀，不得含有杂质；水的温度为 100℃。

3. 茶叶感官审评基本方法

（1）茶叶审评的基本方法　茶叶审评通常分为外形审评和内质审评两个项目，外形审评包括形状、整碎、色泽和净度四个因子，内质审评包括香气、汤色、滋味、叶底四个因子。茶叶类别不同，评比时各因子的侧重点也不相同。名优绿茶类外形审评时只评比形状和色泽因子，内质审评时以香气、滋味为主，兼评汤色和叶底因子。在审评时大部分茶类都比较注重香气、滋味两个因子。在八大因子中，香气和滋味所占的比例往往最高。外形审评也称为干看外形，是对外形各因子按照实物标准样或交易成交样逐项进行评比，以确定品质高或低于标准样或交易成交样。茶叶品质的好差首先可以从外形上来辨别，外形是决定茶叶品质的一个重要方面。但外形的评比又有一定的方法和规律，只有掌握了评比的方法和规律才能正确评定茶叶外形各因子。

（2）标准取样方法　见表3-2。

表3-2　标准样取样方法

样品规格		取样方法
大包装	取样件数	1~5件，抽取1件 6~50件，抽取2件 51~500件，每增加50件（不足50件按50件计）增抽取1件 501~1000件，每增加100件（不足100件按100件计）增抽取1件 1000件以上，每增加500件（不足500件按500件计）增抽取1件
	包装时取样	每装若干件后，如每批1000件以上，每装50件，则用取样铲取样250克，置于有盖专用茶箱中混匀，采用分样法缩分至500~1000克，作为平均样，再分装于2个样罐，供检验
	包装后取样	整批茶叶包装完成后的堆垛中，随机抽取规定件数，逐渐开启，全部倒于塑料布（无味）上，用取样铲取250克，置于有盖茶箱中混匀，采用分样法缩分至500~1000克，作为平均样，再分装于2个样罐，供检验
小包装	包装时取样	与大包装中包装取样方法同
	包装后取样	整批茶叶包装完成后的堆垛中，在不同堆放位置随机抽取规定件数，逐件开启。从各件内不同位置处，取2~3盒（听、袋），所取样品保留数盒（听、袋）存放于密闭容器中，供单个检测。其余部分现场拆封，倒出茶叶，混匀，采用分样法缩分至500~1000克，作为平均样，分装于2个茶叶筒中，供检验
压制茶	成型的压制	随机抽取规定数量，逐件开启。从每件不同位置处，取出1~2块。在取得的总块数中，单块质量在500克以上的留2块，500克及500克以下的留取4块，装于2个包装袋中，供检验
	捆包的散茶	随机抽取规定件数，从各件的上中下部位取样，采用分样法缩分至500~1000克，作为平均样，分装于2个样罐或包装袋，供检验
	沱茶	随机抽取规定件数，每件取1个（约100克），在取得的总个数中，随机抽取6~10个作为平均样，分装于2个样罐或包装袋，供检验

（3）摇盘　将缩分后的茶样倒入评茶盘中，双手握住评茶盘的两对角边沿，右手虎口封住茶盘的倒茶小缺口，用回旋筛转的方法，使盘中茶叶顺着盘沿回旋转动。摇盘时既要使茶叶回旋转动，按茶叶的轻重、大小、长短、粗细的不同，均匀而有次序地分布在样盘中，又要注意动作轻重适中，避免盘中茶叶撒出而影响整盘茶叶的代表性。收盘时运用手腕的力量前后左右颠簸，使盘中茶叶收拢集中成为馒头形。收盘时注意盘的颠簸幅度要适中，把细小的碎茶和片末收在馒头形堆的底部，不能将盘中茶叶颠得太高，以免将碎茶和片末颠到堆面，影响整盘茶的评比。收盘后茶叶在盘中分出三层，比较粗长松飘的茶叶浮在馒头形堆的表面，称为面张或上段茶；细紧重实的茶叶集中于堆的中层，称为中段茶；细小的碎片末茶沉积于堆的底层，称为下段茶或下身茶。

（4）评比形状 条形茶首先看面张茶的比例是否恰当。将标准样和评比样分别摇盘、收盘后，观看评比样的面张茶能否盖住整个堆面。然后对照标准样评比条索的粗细、松紧、挺直或弯曲，芽的含量和有无锋苗。看完面张后，左右手分别轻轻抓一把标准样和评比样，翻转手掌评比中段茶的粗细、松紧、轻重、老嫩、芽毫的含量及是否显锋苗。抓取茶样时应注意手势要轻，避免捏碎茶样，同时应从中间、左右角等各个位置与标准样进行评比。最后评比下段茶细条或颗粒的轻重、碎芽尖或片末的含量。一般红绿毛茶非常注重鲜叶原料的嫩匀度，其条索以细紧或肥壮披毫、显锋苗，身骨重实，下段碎片末含量少为好；条索以粗松、无锋苗、身骨轻，下段碎片末含量多为品质差的表现。

圆形茶先看面张茶是否能盖住堆面，再对照标准样评比面张颗粒的大小、圆结或松扁，有无露黄头；然后左右手各抓一把评比样和标准样，翻转手掌评比中段茶颗粒的圆结度及是否松扁开口，身骨的轻重；最后评比下段茶细小颗粒是否为本茶本末，以及碎片末的含量情况。一般圆形茶外形以细圆紧结或圆结、身骨重实为好，松扁开口、露黄头、身骨轻为品质差的表现。

紧压茶按压制的形状不同分为成块（个）的茶（如砖茶、饼茶、沱茶等）和篓装茶（如六堡茶、天贡、生尖、湘尖等）。成块（个）茶评比形状规格、松紧、匀整和光洁度。砖形茶看其砖块规格的大小，棱角是否分明，厚薄是否均匀及压制的紧实度和砖块表面是否光洁，有没有龟裂起层的现象。有些砖茶要求压得越紧越好，如黑砖、花砖、老青砖、米砖等；有些则要求砖块紧实，但不能压得太紧，如茯砖、康砖、金尖茶等。茯砖茶还要加评砖内发花是否茂盛、均匀及颗粒大小。沱茶、紧茶、老青砖等，还需评比是否起层脱面，包心是否外露。沱茶形状为碗臼形，评比时看其紧实度、表面的光洁度、厚薄是否均匀、洒面、嫩度及显毫情况。

篓装茶评比嫩度和松紧度，如六堡茶看其压制的紧实度及条形的肥厚度和嫩度；方包茶看其压制的紧实度、梗叶的含量及梗的粗细长短。

（5）评比整碎 整碎的评比是针对未压制成型的散装茶进行的，紧压茶已压制成块或成个的，无须评比其匀齐度和上、中、下三段比例。散装茶首先评比匀齐度，对照标准样，观看整盘评比样的面张、中段、下段茶的大小、形状匀齐度是否与标准样相近。一般高档茶往往条形大小匀齐一致，无碎末、轻片；中低档茶则往往条形短钝或大小不匀，多碎末、轻片。其次评比上、中、下三段比例，大宗茶类，特别是红绿精制茶类，非常注重上、中、下三段茶的比例是否恰当，即摇盘后面张茶应能盖住堆面，以中段茶为核心，下段不能露出，整盘茶叶平伏匀齐不脱档。如果面张茶仅为堆顶上一圈，或下段茶铺在堆脚，都是三段比例不恰当，即脱档的表现。

（6）评比色泽 首先评比色泽是否正常。色泽正常是指具备该茶类应有的色泽，如绿茶应呈黄绿、深绿、墨绿或翠绿等；红茶应呈乌润、乌棕或棕褐等。如果绿茶色泽显乌褐或色暗，则品质肯定不正常；同样红茶色泽如果泛暗绿色或呈现花青色，品质也不正常。

其次评比色泽的鲜陈、润枯、匀杂。红绿茶类评比色泽时注重色泽的新鲜度，即色泽光润有活力，同时看整盘茶是否匀齐一致，色泽调和，有没有其他颜色夹杂在一起。如高档绿茶鲜叶原料较嫩匀，其色泽鲜活、翠绿光润、均匀一致；中档绿茶原料嫩匀度稍差，其色泽表现为黄绿尚润，尚有光泽；低档绿茶由于原料较粗老，叶色呈绿黄或枯黄，缺少光泽，因而色泽表现为绿黄欠匀或枯黄暗杂。陈茶由于存放条件较差或时间较长，内含物质发生陈变，色泽暗滑无光泽。

（7）评比净度　净度是指茶叶中的茶类夹杂物和非茶类夹杂物的含量情况。茶类夹杂物是指茶叶鲜叶采摘或加工中产生的一些副产品，如茶籽、茶梗、黄片、碎茶片末等。一般高档茶要求匀净，不应含有茶类夹杂物；中档茶允许含有少量的茶梗、黄片及碎片末；低档茶允许含有部分较粗老的茶梗、轻黄片及碎片末茶。非茶类夹杂物是指石子、谷物、瓜子壳、杂草等非茶类物质，不管高档茶还是低档茶，都不允许含有非茶类夹杂物。

（8）内质审评也称为湿评内质　为保证内质审评时称样的准确性和代表性，应将评茶盘中的茶样充分调匀。称样前先调节好称量器具。撮取茶样时拇指张开，食指与中指并拢，从样堆的底部由堆面向堆中间抓取，应注意上、中、下三段都要取到。如果是扁形茶，则拇指从堆的顶部，食指与中指并拢从堆脚，三指呈马蹄形由堆面向堆中心抓取。抓取时宁可稍稍多抓一些茶样，称取后多余的茶样再放回，也好过不够再添。称取的茶样按评茶盘的排列次序依次置于已编码的审评杯中，将杯盖盖上。一般红绿茶类按1:50的茶水比列称样，毛茶类评茶杯的容量为250毫升，称样5克，精制茶类评茶杯的容量为150毫升，称样3克。乌龙茶审评杯的容量为110毫升，称样5克。压制茶审评杯的容量为250毫升，称样5克。

冲泡时右手持水壶或热水瓶，从右至左依次冲水入杯，冲泡用水一般以刚煮沸的水为宜，泡水量以冲至杯的半月形缺口下线或锯齿形缺口下线处为满杯。冲第一杯起即应计时，随泡随加杯盖，盖孔朝向杯柄。冲泡时间一到即从右至左按顺序滤出茶汤，倒茶汤时缺口向下，杯盖上的提钮抵住碗沿，整个杯身卧搁在碗口上。杯中茶汤基本滤完后，将拇指顶住杯盖提钮，食指和中指扣住杯底，提起茶杯将最后几滴茶汤滴入碗中。绿茶类、红茶类冲泡时间为5分钟。

茶汤滤出后，如果是绿茶应抓紧时间先看汤色，以免茶汤氧化，影响汤色的辨别。其他茶类可以先嗅香气，再看汤色。绿茶汤色应以绿为主，红茶汤色应以红为主，乌龙茶汤色则为金黄明亮、橙黄明亮或橙红等。如果绿茶汤色泛红，或红茶汤色泛青，则往往是品质有弊病的表现。

评比汤色的深浅、明暗时，应经常交换茶碗的位置，以免光线强弱不同而影响汤色明亮度的辨别。评比时注意动作要快,以免茶汤久置空气中,内含物接触氧气而使茶汤变深或出现"冷后浑"现象。所谓"冷后浑"是指茶汤中茶多酚、咖啡因含量较高时,两者结合生成一种络合物,这种物质溶解于热水,不溶于冷水,当茶汤温度下降时,它会析出,使茶汤变浑浊。用大叶种茶树品种生产的红茶或绿茶都容易产生这种现象,特别是大叶种红碎茶,更易产生"冷后浑"现象。出现"冷后浑"是茶叶内含物质丰富,也是品质好的表现。

当滤出茶汤或看完汤色后,应立即闻嗅香气。嗅香气时一手托住杯底,一手微微揭开杯盖,鼻子靠近杯沿轻嗅或深嗅,每次持续 2~3 秒。嗅香气一般分为热嗅、温嗅和冷嗅三个步骤,以仔细辨别香气的纯异、高低及持久程度。热嗅(杯温约 75℃)是指一滤出茶汤或快速看完汤色即趁热闻嗅香气,此时最易辨别有无异气,如陈气、霉气及其他异气。随着温度下降异气部分散发,同时嗅觉对异气的敏感度也下降。因此,热嗅时应主要辨别香气是否纯正。温嗅(杯温约 45℃)是指经过热嗅及看完汤色后再来闻嗅香气,此时评茶杯温度下降,手感略温热。温嗅时香气不烫不凉,最易辨别香气的浓度、高低,应细细地嗅,注意体会香气的浓淡高低。冷嗅是指经过温嗅及尝完滋味后再来闻嗅香气,此时评茶杯温度已降至室温,手感已凉,闻嗅时应深深地嗅,仔细辨别是否仍有余香。如果此时仍有余香则为品质好的表现,即香气的持久程度好。

尝滋味一般在看完汤色和温嗅后进行,茶汤温度在 45~55℃较适宜。如果茶汤温度太高,易使味蕾受烫后变麻木,不能准确辨别滋味;如果茶汤温度太低,则味觉的灵敏度较差,也影响滋味的正常评定。尝滋味时用汤匙从碗中取一匙约 5 毫升茶汤,吸入口中后用舌头在口腔中循环打转,或用舌尖抵住上腭,上下齿咬住,从齿缝中吸气使茶汤在口中回转翻滚,接触到舌头的前后左右各部分,全面地辨别茶汤的滋味,然后吐出茶汤,体会口中留有的余味。每尝完一碗茶汤,应将汤匙中的残留液倒净并在白开水中漂净,以免各碗茶汤间相互串味。评比滋味时,主要评比滋味的浓淡、强弱或醇涩、鲜钝及有无异味。

评叶底是内质审评的最后一道步骤,在评完香气、汤色、滋味后,将审评杯中的茶渣倒入黑色叶底盘中直接评比,或倒入白色搪瓷漂盘中加清水漂看。一般红茶、绿茶、黄茶等茶类主要评比其嫩度、匀度和色泽。评比时除了观察芽叶的含量、叶张的光洁与粗糙、色泽与均匀度的好坏以外,还应用手指按揉叶张的软硬、厚薄、壮瘦及叶脉的平凸,也可将叶张拢到漂盘的边沿,用手指撤压,放松后观察其弹性大小,然后将叶张翻转过来,平铺在漂盘中央,观察芽叶的含量。一般芽的含量越多,嫩度越好;嫩叶含量多,老叶含量少,嫩度也好。叶张软而厚的,往往其弹性较差,嫩度好;叶张硬而瘦薄的,其弹性较好,嫩度差。叶底的匀度是指叶张老嫩是否均匀,有无茶梗、茶木等茶类夹杂物及非茶类夹杂物,同时绿茶看其有无红梗、红叶夹杂其中,红茶有无花青叶。应注意,匀度好不等于嫩度一定好。评比叶底色泽时首先看是否具有该茶类应有的特征,然后评比明亮度、均匀度,如绿茶以嫩匀、嫩绿、明亮为好,老嫩不匀或粗老、枯暗花杂为差。

3.3.2 茶叶储存方法

1. 茶叶不良变化的原因

茶叶是疏松多孔的干燥物质，收藏不当，很容易发生不良变化，如变质、变味和陈化等。造成茶叶变质、变味、陈化的主要因素有：温度、水分、氧气和光线。因此，不让茶叶受到温度、水分、氧气、光线的伤害，是保存好茶叶的首要工作。

1）温度。温度越高，茶叶品质变化越快。以绿茶的变化为例，实验结果表明，在一定范围内，温度平均每升高 10℃，茶叶的色泽褐变速度将增加 3~5 倍。如果把茶叶储存在 0℃以下的地方，较能抑制茶叶的陈化和品质的降低。

2）水分。茶叶的水分含量在 3%左右时，茶叶成分与水分子呈单层分子关系，因此，可以较有效地把脂质与空气中的氧分子隔离开来，阻止脂质的氧化变质。当茶叶的水分含量超过 5%时，水分就会起溶剂作用，引起激烈的化学变化，加速茶叶的变质。

3）氧气。茶中多酚类化合物的氧化、维生素 C 的氧化，以及茶黄素、茶红素的氧化聚合都和氧气有关。这些氧化作用会产生陈味物质，严重破坏茶叶的品质。

4）光线。光线的照射可加速各种化学反应，对储存茶叶极为不利。光能促进植物色素或脂质的氧化，特别是叶绿素易受光的照射而褪色。

2. 保存茶叶的方法

为了使茶叶在储存期间保持固有的颜色、香味、形状，必须让茶叶处于充分干燥的状态下，绝对不能与带有异味的物品接触，并避免与空气接触和受光线照射。还要注意茶叶不能受到挤压、撞击，以保持茶叶的原形、本色和真味。

（1）控制水分　水分是茶叶内各种生化成分反应必需的介质，也是茶叶发生霉变的主要因素和微生物繁殖的必要条件。通常情况下，茶叶含水量越高，陈化越快。含水量超过 6.5%时，存放 6 个月就会产生陈气；含水量超过 7%时滋味就会逐渐变差；含水量达 8.8%时，短时间内就可能发霉；含水量超过 12%时，霉菌大量滋生，霉味产生。因此，对价格高的名优茶，含水率以 4%~5%为佳，应控制在 6%以内，最高不超过 7%。

（2）控制氧气　低氧环境空气中大约 80%是氮气，20%是氧气。氧气几乎能和所有元素化合成为氧化物。茶叶在贮藏过程中，茶叶中的茶多酚、维生素 C、类脂、醛类、酮类等物质都会自动氧化，氧化后的产物大多对茶叶品质不利。有研究表明，茶叶在含氧量为 1%和 10%的环境中贮藏，品质有明显的差异。在茶叶贮藏时采用在包装容器内充入氮气，或用其他方法吸走氧气，可使包装容器内的含氧量下降到最低。名优茶包装容器内氧气含量控制在 0.1%以下（即基本无氧状态），茶叶品质才有保证。

（3）控制温度　茶叶在贮藏过程中的品质变化是茶叶内含成分变化的结果，环境温度越高，反应速度越快，变化越激烈。一般来说，温度每升高 10℃，绿茶色泽褐变的速度要加快 3~5 倍。在贮藏过程中，影响茶叶品质的有效成分含量随着环境温度的增高而减少，尤其是对茶叶香气有良好作用的成分减少得越多。由此可见，温度是茶叶贮藏过程中影响品质的主要因素之一。低温贮藏是茶叶贮藏的有效方法。一般来说，在 0~5℃ 时，茶叶可在较长时间内保持原有色泽；在 10~15℃ 时，色泽变化较慢，保色效果也较好。名优茶的贮藏温度通常应控制在 5℃ 以下，最好贮藏在 -10℃ 以下的冷库或冷柜中，能较长时间保持名优茶的色泽和风味。

（4）避光保存 光线能够促进茶叶中的植物色素或脂类物质的氧化，特别是其中的叶绿素受光照的影响更大。茶叶在贮藏过程中若受到光照的影响，色素和脂类等物质将会产生光氧化反应，产生令人不快的异臭气味。特别是在受紫外线照射时，茶叶中一些芳香物质发生反应，产生日晒味，导致茶叶香气、色泽的劣变。

综上所述，茶叶的保鲜条件是：茶叶含水量低于 6%、避光、脱氧（容器内含氧量低于 0.1%）、低湿（空气相对湿度低于 50%）、低温（5℃ 以下）及卫生干净的加工及贮藏条件。

（5）常用贮藏方法 常温贮藏、灰缸贮藏、脱氧包装保鲜贮藏、抽气充氮保鲜贮藏、低温保鲜贮藏等都是茶叶厂常用的方法。

常温贮藏的干茶含水量应控制在 5% 左右。包装物必须具有良好的防潮性能，包装袋材料最好用 2~3 层的高分子复合材料。包装袋封口要严密。贮藏时间最好不超过 3 个月。

灰缸贮藏的干茶含水量应控制在 6% 以下。灰缸内的空气相对湿度要低，应控制在 60% 以下。包装物必须具有良好的透气性，最好用牛皮纸包装。灰缸贮藏的时间不宜过长，一般以 6~8 个月为宜。梅雨季过后需更换石灰 1 次。

脱氧包装保鲜贮藏的茶叶在进行包装前，其干茶含水量必须严格控制在 6% 以下。首先选用阻气性好的复合薄膜或其他容器。由于脱氧剂规格型号的不同，因此使用有效容器的体积也不同。在使用过程中，应根据容器的大小选择不同规格型号的脱氧剂。在容器中放入脱氧剂后，必须严格密封，否则将会降低使用效果；复合薄膜必须采用宽边封口机进行封口，不能有漏气现象。在使用脱氧剂前，最好计算一下茶叶包装数量的多少，将脱氧剂一次性使用完毕。若一次用不完，拆封后的脱氧剂必须在 2 小时内用原包装严密封口，以免失效。

低温保鲜贮藏法。冷库的除湿效果要好，空气相对湿度应控制在 60% 以内（50% 以下更佳），并要用防潮性能好的包装材料对茶叶进行包装，这样才能使茶叶处于干燥状态。茶叶导热性较差，冷库存放时应该分层堆放，每件之间要留一些间隙，使冷空气在库内有足够的循环空间，以便茶叶能均匀快速降温。茶叶出库后，不能升温过快，要逐步升温，然后进入常温，以免引起品质急剧下降。茶叶出库后，分成小包装，并与脱氧、抽气充氮包装方法相结合，这样更有利于保持茶叶品质。

3.4 茶叶产销概况

茶叶作为一种经济作物，具有可加工性强、产业链长、关联度大的产业特征，横跨第一、第二及第三产业，涉及茶叶生产、加工、销售等多个环节及茶医药、茶化工、茶旅游、茶饮食、茶文化等多个领域。

3.4.1 国内茶叶产销

（1）茶叶产值　2018年全国18个主要产茶省（自治区、直辖市）茶园面积为4395.6万亩（1亩≈666.67米^2），同比增加123万亩，增长率为2.9%，比上年略有下降。其中，面积超300万亩的省份有贵州、云南、四川、湖北、福建；采摘茶园面积为3400万亩，同比增加190万亩。江西、湖北、湖南、四川、云南、陕西等省结合精准扶贫，新发展茶园面积均达到10万亩以上。2018年，全国干毛茶产量为261.6万吨，比上年增加12万吨，增幅为4.8%。产量排名前五位的省份是福建、云南、湖北、四川、湖南；增产逾万吨的省份有四个，分别是贵州、湖南、湖北、四川。全国名优茶产量增加4万吨左右，产业效益稳步提升。全国干毛茶总产值首次突破2000亿元大关，达到2157.3亿元，比上年增加207.7亿元，增幅10.65%。干毛茶产值逾200亿元的省份是贵州、福建、四川、浙江，产值增长超过30亿元的省份是贵州、四川。

（2）茶类结构更趋优化　2018年，绿茶、黑茶、红茶、乌龙茶、白茶、黄茶产量分别为172.24万吨、31.89万吨、26.19万吨、27.12万吨、3.37万吨、0.80万吨。除乌龙茶外，各茶类产量均有不同程度增长。从产量占比看，绿茶、黑茶、乌龙茶、红茶、白茶、黄茶占比分别为65.8%、12.2%、10.4%、10.0%、1.3%、0.3%。其中，绿茶、乌龙茶产量比重持续下降，白茶、黄茶增长较快，较上年分别增加33.7%、45.5%。内销市场中各茶类板块格局相对稳定。绿茶仍是主导茶类，占比为63.1%。黑茶、红茶、白茶发展迅速，黑茶占比已达14%，红茶占比近10%，白茶占比1.5%，并有扩大市场份额的趋势。

（3）优势品牌加快形成　各省多措并举，多层次、多角度、多形式宣传推介，加快打造特色区域公用品牌和企业品牌。湖南省打造"五彩湘茶"，重点推介湖南红茶；江西省整合"四绿一红"区域品牌，形成狗牯脑、婺源绿茶、庐山云雾、浮梁茶、宁红茶联动；贵州省树立"贵州绿茶""贵州红茶""贵州抹茶""贵州黑茶"核心品牌，成立遵茶集团，为产业发展注入新动能。

（4）进口茶叶继续增加　据海关数据显示：2018年，中国进口茶叶量为3.55万吨，比 2017 年增长 18.84%，进口额为 1.78 亿美元，比 2017 年增长 19.14%。其中，红茶仍为主要进口茶类，占比 83.3%；其次是绿茶和乌龙茶，各占 8.9% 和 6.5%。从进口均价来看，整体均价为 5.03 美元/千克，乌龙茶和花茶的均价较高，均超过 13 美元/千克。

（5）出口总量略增，均价大幅提升　2018 年，中国茶叶出口总量达 36.5 万吨，同比增长 2.66%；出口均价 4.87 美元/千克，同比增长 7.27%；出口额达 17.8 亿美元，同比 10.1%。从出口量看，除红茶出口量为 3.30 万吨，同比减少 7.2% 外，其他茶类出口量均有不同幅度增长；绿茶继续雄踞榜首，达到 30.29 万吨；乌龙茶涨幅高达 17.2%，居涨幅之首。在出口均价方面，普洱茶是唯一下降的茶类，其均价为 9.44 美元/千克，降幅为 13.0%；而乌龙茶的出口均价则为 9.52 美元/千克，涨幅高达 30.7%。2018 年，中国茶叶出口至 128 个国家或地区。进口中国茶叶超过万吨的国家或地区有 12 个，与去年持平；排名前二十的国家或地区占到总出口量的 82.4%，集中度较高。

2018 年，中国茶叶出口量居前五位的省份是浙江（16.85 万吨）、安徽（5.92 万吨）、湖南（3.64 万吨）、福建（2.41 万吨）、江西（1.34 万吨）。福建省增加额超过 1 亿美元，其他省份的增长额则均在 0.3 亿美元以下；而广东省的出口额减少了 2400 万美元。

3.4.2　世界茶叶产销

自 2000 年以来，世界茶叶的种植面积和产量都在逐年递增。在过去 10 年间，全球茶叶产量基本以不低于 4% 的速度增长。茶叶种植面积不断扩大，茶叶消费量以平均 3.8% 的速度提升。世界产茶国家（地区）多在亚洲，其产量占 80%~90%，其次为非洲和拉丁美洲，占 10%~15%，其中中国、印度、斯里兰卡、肯尼亚、越南是全球茶叶主产国。

据国际茶叶委员会统计数据显示，2018 年，全球茶叶总产量为 585 万吨，比 2017 年增加 15.8 万吨，同比上升 2.78%；全球茶叶总出口量为 185 万吨，比 2017 年增加 6 万吨，同比上升 3.35%；全球茶叶总进口量 173 万吨，比 2017 年增加 1 万吨，同比上升 0.58%。

2018 年，非洲茶叶生产国茶产量明显增长，带动全球茶叶总产量的增加。2018 年，非洲茶叶出口 65.5 万吨，比 2017 年增加 6.8 万吨，同比上升 11.58%；占全球茶叶出口总量 35%，比 2017 年增加 3 个百分点。

2018 年英、美、俄等主要茶叶进口国进口数量下降。俄罗斯是世界第二大茶叶进口国，2018 年进口茶叶 15.3 万吨，比 2017 年减少 1 万吨，同比下降 6%。美国进口茶叶 13.9 万吨，位居第三，比 2017 年减少 7152 吨，同比下降 4.9%。英国进口茶叶 12.6 万吨，位居第四，比 2017 年减少 1200 吨，同比下降 1%。

复习思考题

1. 了解关于茶树原产地的争论。

2. 简述茶树品种的命名与分类。

3. 茶叶向外传播的路径有哪些？

4. 简述六大茶类的初加工制作过程。

5. 我国四大茶区及各茶区名茶有哪些？

6. 分别列举出唐、宋、元、明4个朝代的茶叶名称，每个朝代列举3个。

7. 茶叶色泽、滋味是如何形成的？

8. 茶叶感官审评室的环境条件有哪些要求？

9. 茶叶审评的标准取样方法是什么？

10. 茶叶发生不良变化，有哪些原因？ 如何贮存茶叶？

11. 简述茶叶的产销概况。

项目 **4**

茶 具 知 识

```
                          ┌ 茶具的历史演变
          ┌ 茶具历史和种类 ┤
          │               └ 茶具的种类及产地
          │               ┌ 瓷器工艺
          │  瓷器茶具的特色 ┤
          │               └ 瓷器茶具名品
茶具知识 ┤               ┌ 紫砂茶具
          │  陶器茶具的特色 ┤
          │               └ 紫砂茶具名品
          │               ┌ 各种材质茶具
          └  其他茶具的特色 ┤
                          └ 国外茶具
```

茶具历史和种类

4.1.1 茶具的历史演变

1. 早期茶具

在茶文化发展的初期，往往会借用日常生活中煮饭的釜来煮茶，用吃饭的碗来盛茶。茶具与饮食器具是共同的，既可以用酒具来替代，也可以用食器来替代。至西汉时期，开始出现茶具的雏形。汉王褒的《僮约》中有"烹茶尽具"的要求，说明当时很有可能已经将茶具与食具分开了。煮茶用的器具是鼎锅，汉代本来就有桌案上用的小型炊具，拿到茶事中用也是很自然的事。

西晋杜育的《荈赋》中说："器择陶简，出自东隅。酌之以瓟，取式公刘。"这里提到了两件茶具，一是用来煮茶盛茶的瓷器，一是用来舀茶汤的水瓢。东隅指的是龙泉上虞一带（也有的版本上写的是东瓯，指的是温州一带），这里从汉代开始就是青瓷的主要产地。这一时期的茶具从构造上是模仿当时的漆器食具，一个大的托盘上放几个耳杯。东晋时期出现了一杯一托的瓷耳杯，由此开始了中国茶具的杯托结构。

此时还没有茶壶的概念，壶在这里是用来盛水的，由于功能方面没有特别的要求，因此也并无特别设计，常见的造型是大口短流，装水从壶口，出水量多的时候也从壶口。

2. 唐代茶具

唐代茶具已经成系统了，尤其是经过陆羽的整理之后，茶具体系更加完备。陆羽的《茶经》是一部非常完备的茶学著作，其中"四之器"谈煮茶、饮茶的茶器，列举的茶器共有二十五项，若依功能分类，大抵可分为六类。

1）煎煮茶器。风炉（附灰承）：相当于今天烧水的炉子。筥：炭斗或炭笼，是承装木炭的笼筐，以竹编或藤编而成。炭挝：槌炭的工具，以铁做成六角形状，长1尺（1尺≈0.33米），一端尖锐，中间较粗，把手较细。火筴：火筷或火箸，用以夹炭入风炉。镀（镀音同"富"，陆羽所著《茶经》中记载的一种煮茶工具）：又名茶釜，煮茶的锅。交床：镀中水烧沸后，可端下来放在上面，明代人称为静沸。

2）焙碾茶器。夹：茶夹子，烘炙饼茶时所用的夹子，竹制，或精铁、熟铜做成。纸囊：用于贮藏炙好的饼茶，使其香不外泄。碾：以橘木制作的为佳，次者以梨木、桑木、铜等制作，内圆外方，内圆可使堕易于转，外方则不易倾斜摇动；堕似车轮，无辐而有轴，可插入长柄把手，两手执柄而碾，类似于中药碾；拂末用来扫茶磨及茶碾上的茶粉。

3）贮盛茶器。罗合：筛滤器，合同盒，为茶末盒或罐，茶末筛滤过后，贮藏于盒内，茶则亦放于其中。则：茶则，量取茶叶用，则是度量、标准之意，凡煮水 1 升，用 1 寸（1 字≈0.033 米）见方茶匙的茶末，尚淡泊者可略减，尚浓者则不妨增加。水方：贮清水器，装备用的煮茶用水；瓢与：舀水用器。鹾簋：盐罐子，其揭即盐匙。熟盂：装冷开水的茶器，瓷制或陶制，可容水 2 升（唐代 1 升约等于现在的 0.54 升）。畚：贮藏或收纳茶碗的容器。具列：陈列茶器的台子。都篮：唐代又名都统笼，即茶器笼，茶器柜。具列与都篮都是用来放置茶器的容器，一为陈列茶器于外，一则收纳茶器于内。

4）饮茶器。碗：也叫茶盏。茶碗南方以越州所产青瓷为上，北方以邢窑白瓷为代表，形成南青北白局面。陆羽从饮茶审美的角度，认为青色有助于茶色呈现，越瓷优于青瓷。唐代秘色瓷，釉色如青玉，晶莹润洁，存世极少。陆龟蒙的《秘色越器》诗中写道："九秋风露越窑开，夺得千峰翠色来。好向中宵盛沆瀣，共嵇中散斗遗杯。"一直到现代，考古学家在发掘法门寺地宫的时候，在其中发现了秘色瓷的茶盏，秘色瓷的真实面目才大白于天下。法门寺地宫里还出土了一件琉璃茶盏托，加上陕西何家村地窖出土的金茶盏，为我们展现出了绚丽的大唐茶文化。

5）搅拌器。竹筴：用以搅拌茶末或茶汤的工具。

6）洁茶器。漉水囊：用来过滤水中杂质。札：刷子，用以清洁器物。涤方：洗涤茶器后的污水盛器。滓方：收集茶渣子的容器。巾：用来擦拭茶案的茶巾。

3. 宋元茶具

北宋流行点茶，茶粉放在茶碗中，用茶筅或茶匙击拂后产生细腻的泡沫。对于茶汤泡沫的要求，宋人认为，纯白为上，青白次之，黄白又次，灰白为下。在这种情况下，为了更便于观赏茶汤，宋代人选择青黑色的茶盏。其他的茶具也都有别于唐代煎茶的用具。南宋审安老人的《茶具图赞》，以传统的白描画法记录了宋代点茶的十二种主要器具（见图 4-1）及其功用，称之为"十二先生"，我们借此来介绍一下宋代的茶具。

1）茶炉。韦鸿胪，名文鼎，字景旸，号四窗闲叟。姓"韦"，表示由坚韧的竹器制成，"鸿胪"为执掌朝祭礼仪的机构，"胪"与"炉"谐音双关。"文鼎"和"景旸"，表示它是生火的茶炉，"四窗闲叟"表示茶炉开有四个窗，可以通风、出灰。这样的茶炉只在南宋时期流行，一炉煮一壶水。北宋时流行一种方形大口的镣炉，就是一个炭火盆，可以同时放几只壶在里面煮水。

2）茶臼。木待制，名利济，字忘机，号隔竹居人。茶臼在民间多用陶瓷来制作，但易碎。硬质的木茶臼更为耐用。隔竹居人的雅号来自柳宗元的诗"山童隔竹敲茶臼"。

3）茶碾。金法曹，名研古、轹古，字元锴、仲鉴，号雍之旧民、和琴先生。茶碾的材质也很多，瓷石为雅器，但铁质的茶碾更为耐用。茶碾在使用的时候，会发出金属碰撞的声音，人们觉得这声音很悦耳，可与琴声相和。

4）茶磨。石转运，名凿齿，字遄行，号香屋隐君。茶磨都是用石头做的，碾过的茶末

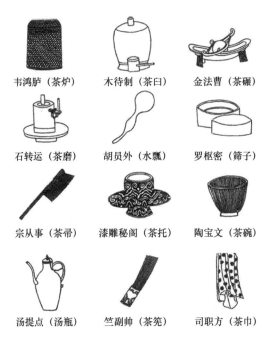

图 4-1 宋代点茶的十二种主要器具

要再用茶磨细磨一下。"转运"是宋代负责一路或数路财富的长官，地位非常重要。凿齿是庄子文章里世外高人的名字。

5）水瓢。胡员外，名惟一，字宗许，号贮月仙翁。这个姓名字号官职起得太自然了。水瓢是用葫芦做的，葫芦的外面是圆的。惟一这个名字来自《易经》中的"天一生水"。水瓢在舀水的时候，顺带着把水中的月亮一起舀起来了。

6）筛子。罗枢密，名若药，字傅师，号思隐寮长。"枢密使"是宋代执掌军事的最高官员，"枢密"又与"疏密"谐音，和筛子特征相合。名与字来自唐代著名军事家李靖，李靖字药师。

7）茶帚。宗从事，名子弗，字不遗，号扫云溪友。这是一把小扫帚，作用与陆羽的拂末相同，是用来扫茶粉的。"从事"为州郡长官的僚属，专事琐碎杂务；"弗"既"拂"，"不遗"是其职责；"扫云溪友"的雅号来自《七碗茶歌》"碧云引风吹不断"，诗中把茶粉比喻成碧云，所以这里扫云就是扫茶粉。

8）茶托。漆雕秘阁，名承之，字易持，号古台老人。秘阁是宫廷藏书处，漆雕是少见的复姓，最有名的是孔子的弟子漆雕开，姓与官职相配，暗示了当时茶艺与儒家的关系。茶汤烫手，有了这个盏托，就方便了。这是一件漆器盏托，无论是工艺还是器型都有悠久的历史，所以称古台老人。

9）茶碗。陶宝文，名去越，字自厚，号兔园上客。这是与茶托配合使用的兔毫盏。在宋朝以前，茶具以越窑为上，宋代则以青黑色的茶盏为上，越窑就不流行了，所以名去越。

这个茶碗的胎做得比较厚，又与《论语》所说"君子躬自厚而薄责于人"相合。兔园上客的雅号既与兔毫盏的形象配合，也说明它在茶具中的地位。兔园是西汉梁王刘武的园子，里面聚集了当时的精英人物，在这群人中称上客，可见地位极高。除了青黑色茶盏，宋代也有白瓷茶盏，产于定窑，这种茶盏是用金银镶边的，极华贵，也有产于耀州窑的青瓷茶具、产于浙江湖田窑的青瓷茶具等。这些茶具不一定用于高级的点茶游戏，更多用于日常饮茶。

10）汤瓶。汤提点，名发新，字一鸣，号温谷遗老。"提点"为官名，又可直接意会提瓶点茶。宋人春季有改水习俗，井中旧年的水要淘干，等新水冒出。发是煮的意思，宋代点茶中水是放在汤瓶中煮的，所以发新，就是煮水。"天一生水"，所以这里一是水的代称，一鸣是指水在加热时发出的声音。

11）茶筅。竺副帅，名善调，字希点，号雪涛公子。姓"竺"，表明用竹制成，"善调"指其功能，用来搅打茶汤，以老竹制作而成。"希点"指其为"汤提点"服务，"雪涛"指茶筅调制后的浮沫。另外，点在这里也指孔子的学生曾点，孔子在让学生说说自己的志向时，曾点说他只想在春天里与朋友们去踏春，沐浴在春风里，歌咏而归，一派清平世界的景象，孔子对他非常赞赏。

12）茶巾。司职方，名成式，字如素，号洁斋居士。姓"司"，"职方"是掌管地图与四方的官名，这里借指茶巾是方形的。"如素""洁斋"均指它用以清洁茶具。

4. 明代茶具

饮茶习俗发展到明代，出现了茶史上非常重大的一次变革。明洪武二十四年（1391年），明太祖朱元璋下令："罢造龙团，唯采芽茶以进。"从此，向朝廷进贡的不是费时费力、工序繁复的团茶，而是叶茶（散茶），改变了唐宋以来饮用末茶的习惯。末茶没落，连带以茶筅击拂的点茶方法亦渐行消失。

首先在茶碗或茶盏上，明代以前的茶盏加盏托的结构发生了变化。明代散茶冲泡时出味的速度比以前的末茶要慢很多，于是对泡茶有了保温的要求，茶碗上的杯盖就应运而生了。盖碗是明代茶具的第一个重大变化，有盖碗，饮茶活动一下子变得很简单，明代饮茶的人数迅速上升。在材质上，明初的青花瓷杯很快被人们淘汰，大家更倾向于用便于观赏茶叶茶汤的白瓷。

其次，明代人开始用壶来泡茶，所以从功能上来说，茶壶是从明代才有的。在此之前，唐代的壶用来盛水，宋代的壶用来煮水，都不能算是茶壶。明代的茶壶主要有瓷茶壶、陶茶壶、锡茶壶三大类，有些地方还有用铜壶的。锡茶壶与陶壶中的宜兴紫砂逐渐成为人们追捧的茶具。文震亨《长物志》中说："茶壶以砂者为上，盖既不夺香，又无熟汤气。"人们把茶叶放入茶壶中冲入开水，大号茶壶用于多人饮茶的场所，小号茶壶往往人少时使用。明代后期开始流行用小壶。

在瓷器工艺上，明代初年继承并发展了元代的青花技术，形成了著名的永宣青花瓷器，因产于景德镇而称为景瓷。后来人们因审美需要而推崇德化窑的白瓷。明成化年间，出现了革命性的斗彩瓷器，称为成窑。茶器的样式品种与唐宋元三代也有了极大的不同。明末高濂《遵生八笺·茶器》中所记载茶器具共有二十三式，明代顾元庆《茶谱》记载的茶具二十四项，屠隆《茶笺·茶具》记载的茶具则有二十七项，但这些茶具几乎相同，其中大部分至今仍为工夫茶器所继承使用。

5. 清代茶具

清代饮茶在饮用方法上仍然沿袭了明代的冲泡法，茶具的形式并无大的变化。由于传教士的影响，特别是清末西方文化的大举进入，西洋的茶具开始影响中国茶具的工艺及款式。

清代紫砂茶具盛行，不仅紫砂匠人的技艺成熟，艺术家们也纷纷加入到紫砂壶的设计当中，其中最著名的是陈鸿寿。陈鸿寿号曼生，是清代著名金石家、书法家与画家，与很多紫砂工匠合作，设计了一些紫砂壶的样式，被后人称为"曼生十八式"，其中著名的款式有井栏壶、周盘壶、葫芦壶等。从陈鸿寿以后，紫砂壶就成为集诗、书、画、印于一体的艺术品，是中国雅文化在茶艺中的具体体现，对清代紫砂茶具的影响巨大。

康熙御用的茶器中就有不少宜兴珐琅彩茶壶、茶盅、盖碗等。其制作方式是：器胎在宜兴制坯，烧造精选送入清宫，再由造办处宫廷画师加上珐琅彩绘，二次低温烘烧。雍正时期珐琅彩无论胎釉、彩绘都更加臻妙绝伦。雍正皇帝也十分喜爱造型简洁素雅的宜兴茶器，他倡导的"内廷恭造样式"，是雍正皇帝超高个人审美品位的体现。乾隆皇帝是清代最具代表性的茶人，写了上千首歌咏品茶的诗，建了十多处个人品茗茶舍，茶舍中的茶器有别于宫廷华丽的茶器，主要是素雅的宜兴茶壶、竹茶炉、冰盆、银勺、铁筷子、铁钳子、镊子、铲子、竹筷子、铜簸箕及各式木质具列等全套备茶用器。

清代地域性的茶具系统开始成型。闽粤工夫茶茶具与江南及京城的盖碗茶茶具就是两个系统。工夫茶横跨闽粤两省，分别被称为"福建工夫茶"与"潮汕工夫茶"。两种工夫茶的流程相似，茶具也相似。但在当时，工夫茶的影响只是地方性的。清代著名文人、美食家袁枚在饮到工夫茶时，用猎奇的口吻记录了下来，还写了一首诗："道人作色夸茶好，磁壶袖出弹丸小。一杯啜尽一杯添，笑杀饮人如饮鸟。"工夫茶中所用的小壶称为孟臣罐，形状为梨形。

4.1.2 茶具的种类及产地

茶具的分类方法很多。以按材质来分，有陶器茶具、瓷器茶具、玻璃茶具、金属茶具、竹木茶具、漆器茶具、塑料茶具等；按风格来分，有中式茶具、日式茶具、韩式茶具、英式茶具等；按功能来分，有烹茶具、品茶具、水火具、标准具等。这里我们按使用功能来介绍。

1. 烹茶具

我们把煮茶与泡茶的工具都放在这部分来介绍。传统的烹茶具有茶釜、铫子、茶铛、茶鼎、急须、汤瓶、茶壶、大茶碗等。

1）茶釜。这是唐代煎茶中用来煮茶的主要工具。唐代的茶釜有铁、银、瓷石等材质，造型上有两个方形的耳，没有盖，锅底尖，在室内使用时需要配交床，以便离火安放。没有锅盖是因为煮茶时需要用竹荚来搅茶汤，煮完的茶马上就喝，也不需要保温。其容量可能在2升左右，一次可供5人饮茶。

2）铫子。"铫"是一个多音多义字，作饮食器具的铫，读作 diào。铫也写作䂦，指的是陶器的铫子。至明清时，人们也把紫砂壶称为砂铫。铫的材质有很多，唐宋之间，流行的是银质的铫子。由五代入宋的陶穀在《清异录》说："富贵汤当以银铫煮之，佳甚。"富贵汤的说法出自《十六汤品》，该书中说用金银器煮出的开水叫富贵汤。铜、铁、锡制成的铫子因有金属味，煮出的开水被称为缠口汤。铫子的造型单柄有嘴，与今天的奶锅相似但没有盖，没有盖子的原因与茶釜一样。铫子在宋代以后用得比较多。唐代的铫子一般容量1升左右，宋代的铫子要大一些。

3）铛与鼎。唐人诗文里说得最多的煮茶容器是铛与鼎。铛与鼎一般是金属所制，所以通常被称为金铛、铜铛、金鼎，但也有用石头或陶土所制。铛与铫子相似，比铫子多三足，鼎一般四足，两者都相当于炉与锅一体的加热工具。铛与鼎的下面都可以直接点火加热，便于野外使用。折脚铛之类的更是宜于携带的旅行用具。唐代的铛一般容量为2升，到明代则有更小的半升的铛。

4）急须是一种单柄的壶，容量小，便于野外人少的时候煮水用，是旅行者及行脚僧人常备的茶器。急须在唐代已经出现，宋代用得比较多，一般是陶制。后来，急须的名字从中国茶具中消失了，而日本依然保留着这个名字。

5）汤瓶是宋代茶具。宋代人用它来煮开水，开水称为汤，所以称汤瓶。讲究一点的茶会上常把煮水的壶与点茶的壶分开，点茶的壶称为水注。但普通的饮茶，汤瓶与水注往往合二为一。煮水的炉子如果是大口的镣炉，汤瓶的把手就会太烫握不住，于是在宋代就逐渐出现了把壶把设计成提梁的。

6）茶壶因为明代以后将叶片散茶放在壶中直接用水冲泡而得名，材质有陶、瓷、锡、银等。因为作用、外形相似，汤瓶、铫子、茶铛等在明代以后就都被称为茶壶了。茶壶的规格有大有小，热闹的茶馆中，茶壶往往比较大，而雅致的小茶馆里，茶壶则比较小。

7）大茶碗原来并不作为烹茶具，但在近些年流行的碗泡法中，人们往往把茶叶放在一个大茶碗中冲泡。茶艺中的碗泡法最早见于《乐饮四季茶》，该书作者是一位日本女茶人，她从日本人的角度来观察中国茶，设计了这么一种泡茶方法。

2. 品茶具

品茶具只有茶杯。最早的茶杯是与酒具、食具共用的，耳杯的形状较为多见，下面还有一个杯托。这样构造的茶杯在唐代称为茶碗、茶盏，或连杯托一起称为茶盏托子。唐代茶盏通常直径为15厘米左右，深度5厘米左右。宋代的茶盏分为两类，一类是点茶用的建盏，直径在 12 厘米左右；另一类是品茶用的小杯，点好的茶用小勺再分入小杯来品饮。当然，很多时候人们也直接把点茶碗当作品茶碗。宋代品茶的小杯规格与今天的品茗杯差不多。

盖碗出现于明代。叶茶冲泡速度慢于末茶，古人又没有好的保温措施，于是为茶碗设计了一个盖子成为盖碗，它既是泡茶的工具，又是饮茶的工具。在现代茶艺中，盖碗更多地当作泡茶工具来用。盖碗是一种上有盖、下有托，中有碗的茶具，俗称"三才碗"或"三才杯"，盖为天、托为地、碗为人，暗含天地人和之意。

茶碗或茶杯的容量一般是与烹茶器具相匹配的。唐代一个茶釜配五个茶碗，宋代茶画中斗茶或点茶的场景通常会配上七个茶碗，现代的茶杯与茶壶的搭配通常是一只茶壶配六个茶杯，少的配五个茶杯，多的会配八个茶杯。

3. 水火具

1）盛水器具有瓶、水方、熟盂等，有的用来盛冷水，有的用来盛热水。唐宋以后流行评水，于是有了盛水的水桶、水缸、罂瓶等。《红楼梦》中描写的栊翠庵用梅花上的雪水来烹茶的做法，其中的雪水就是在旧年下雪时收集在罂瓶中的。

2）取水工具为水瓢、水勺。水瓢是葫芦剖开做成的，水勺有漆器的、竹木的、金属的。

3）漉水囊，这是用来过滤水的工具。古人饮茶所用水都直接来自自然界，水中不免有杂质与小虫，所以需要用漉水囊来过滤。

4）风炉，用来煮水，由陆羽设计，用来配茶釜。最常见的是潮汕风炉，也就是唐代人所说的"红泥小火炉"。风炉一般与茶釜、铫子配合起来使用，在生产时都是成套的。

5）镣炉，一种方形或圆形的炭火盆。煮水时把壶直接放在炭上，可以同时放几个壶。宋徽宗的《文会图》中煮茶用的就是镣炉，煮水速度较快。

4. 标准具

1）茶则。则是标准、准则的意思。茶则的容量是固定的，用惯了就比较容易掌握茶汤的浓淡。茶则的材料一般以竹子为佳，也可用不带气味的瓷、玻璃、漆器、金属等材质。

2）茶称。现在很多人泡茶时用秤来称量茶叶，这样比凭感觉取茶叶要准确得多。

3）计时器。用来计算泡茶的时间。

4）测温计。古代的茶具中没有这个工具，人们往往通过目测来估计水温。

5. 茶具产地

（1）越州窑　越州窑是我国古代南方青瓷窑，在今浙江省上虞、余姚、慈溪、宁波等地。因这一带古属越州，故名。生产年代自东汉至宋。盛唐以后产品精美，赢得了很高的声誉。越州窑产品都做得很规整，常将口沿做成花口、荷叶口、葵口，底部加宽，成玉璧形、玉环形或多曲结构，十分美观。胎体为灰胎，细腻坚致；釉为青釉，晶莹滋润，如玉似冰。青瓷茶具也影响了中国人的茶汤审美，在主流上，中国人一直以青绿茶汤为美。

（2）邢州窑　邢州窑是唐代制瓷业七大名窑之一，也是我国北方最早烧制白瓷的窑场。据考证，邢州窑始于北朝，衰于五代，终于元代，烧造时间为900多年。其技术水平在隋代已登峰造极，能烧制出具有高透影性的细白瓷，在我国陶瓷史上是一个重要的里程碑。白瓷在古代瓷器生产中的技术难度比较高，大多数窑场是烧不出来的。因此，很受人们喜爱。

（3）寿州窑、长沙窑　这两个地方所产瓷器以黄瓷较为多见，在国内很多地方及国外都能见到这两个窑的产品，可见当年生产的盛况。但作为茶具，因为影响汤色美观，在唐代茶艺中没有地位。

（4）定窑　宋代六大窑系之一，它是继唐代的邢州窑白瓷之后兴起的一大瓷窑体系。主要产地在今河北省保定市曲阳县的涧磁村、野北村及东燕川村、西燕川村一带，因该地区唐宋时期属定州管辖，故名定窑。定窑原为民窑，北宋中后期开始烧造宫廷用瓷。因为采用覆烧技术，制作出来的茶碗碗口不光滑，使用起来体验不佳。后来工匠们把碗口用金银包裹，解决了这一问题，并且看起来更加华美。定窑除白瓷外，兼烧黑釉、酱釉和绿釉瓷，文献分别称其为"黑定""紫定"和"绿定"。

（5）钧窑　属北方青瓷系统，创建于北宋初，是北方诸窑中最晚形成的一个瓷窑体系，到金、元时期才形成窑系。它影响甚大，不仅在河南省境内发现窑址一百多处，且在河南临汝、峡县、新安、鹤壁、林县，河北磁县、隆化，浙江武义、金华，广西柳州、兴安，山西浑源等地都有仿其风格的瓷窑，形成一个遍及四方的庞大钧窑系。

（6）磁州窑　它是宋元时期北方最大的民窑体系。窑场分布于今河南、河北、山西三省，重要窑口有河北磁县观台窑，河南鹤壁窑、禹县扒村窑、修武当阳峪窑、登封曲河窑，江西吉州窑等。磁州窑系，主要烧制黑瓷、白瓷和白地黑、褐彩绘瓷。其胎质粗松，胎色也较深，因而施化妆土，再罩以透明釉。按装饰技法划分为白釉划花、白釉绿斑、绿釉釉下黑彩和低温铅釉三彩等，纷繁竞妍，各具特点。

（7）耀州窑　始于唐代，当时烧黑瓷、白瓷、青瓷，宋代青瓷得到较大发展，北宋末为鼎盛期。其窑址位于陕西省铜川市黄堡镇，旧称同官，宋代时属耀州，故名"耀州窑"，包括陈炉镇、立地镇、上店镇及玉华宫等窑在内。耀州窑宋代晚期以青瓷为主，胎薄质坚，釉面光洁匀静，色泽青幽，呈半透明状，十分淡雅，刻花青瓷是耀州窑的著名产品。

（8）景德镇窑　从宋代开始烧制，以青白瓷为特点。青白瓷釉质透明如水，青中有白，白中泛青，这种如玉质一般的釉色为景德镇窑首创。清人陈浏在其所著《匋雅》中，称这种青白瓷为"影青"。这种色调符合文人士大夫高洁淡雅的审美情趣，给人以青莲素爽之感，因此迅速得到了市场的认可，至南宋时形成了以景德镇为中心的南方青白瓷系。除景德镇外，安徽、福建、湖北、广东、广西等地都有烧青白釉瓷器的窑场。

（9）宜兴窑　在今江苏宜兴丁蜀镇。晚唐、五代时期这里主要烧制青瓷，到宋元时期开始大规模烧造日用陶器，明清时成为当时的烧陶中心。除了烧陶以外，这里也曾仿烧宋代钧窑器物，称为"宜钧"。这里是紫砂的出产地。宜兴制陶的历史很悠久，由于瓷器的竞争，陶器在很长时间内一直在社会底层默默发展。到明代，宜兴的紫砂开始受到江南知识分子阶层的重视，紫砂茶具逐渐发展起来。南京明司礼太监吴经墓中出土的紫砂提梁壶"吴经提梁"标志着陶茶具开始登堂入室。与瓷器不同的是，很多紫砂匠人的名字随他们的作品留了下来，如供春壶、大彬壶、曼生壶等，都是以制作者或设计者来命名的。到明末时，名家的紫砂壶由于艺术性极高，价格不菲，可与商周的青铜器相抗。

（10）钦州窑　在广西钦州，这里从清代以后才开始生产陶器，所产陶器称为钦州陶或坭兴陶。钦州窑在清代中叶还没有确切的名称，至清代咸丰年间，钦州陶器发展鼎盛，坭器得以广泛兴用，故得名"坭兴"。坭兴陶产品主要有茶具、文具、食具、咖啡具、花瓶、花盆、熏鼎及仿古制品等八大类。

（11）建水窑　位于云南建水县，早在宋代，这里就生产青瓷，元明两代这里也生产青花瓷，瓷业也达到鼎盛时期。现在的建水窑以紫陶闻名，紫陶茶具在市场上经常可以看到。建水紫陶多有刻花，风格迥异于宜兴紫砂。

4.2　瓷器茶具的特色

4.2.1　瓷器工艺

中国瓷器发明很早，但直到东汉时期，青瓷茶具才开始进入人们的生活。早期的瓷器是在陶器的外面上了一层釉，这样在使用时易于清洗，并且不会在容器内留下食物的气味。瓷器的胎土在烧造时的温度要高于陶器，胎体致密度高。在浙江上虞出现了和现代瓷胎相近的瓷器残片，该出土标本的烧成温度可达1310℃。到隋唐时期，茶具的生产兴盛起来，主要品种有越窑青瓷、邢窑白瓷、寿州窑黄瓷、定窑黑瓷等，所产茶具种类有茶盏托子、盛水的壶等。青瓷、白瓷茶具在富人们中间流行。宋代瓷器生产技术更高，有"汝、官、哥、钧、定"五大名窑，此外还有湖田窑、耀州窑等，还有点茶所用的青黑釉的茶盏，具体品种有兔毫盏、油滴盏、鹧鸪斑等。汤瓶、品茗杯一般为白瓷或青瓷。到明清时期，瓷器的工艺有了较大的发展，景德镇的青花瓷、德化窑的白瓷，成化年间开始生产的斗彩瓷器及清代宫廷所产的珐琅彩瓷器等均是这一时期的佼佼者。

瓷茶具干净、美观，在唐代就被称为雅器，瓷瓶煮出来的开水称为"得一汤"，是最好的开水。宋代以后，瓷器生产水平大大提高，进入了寻常百姓家，应用广泛。

传统的陶瓷制作方法一般有练泥、拉坯、印坯、利坯、晒坯、刻花、施釉、烧窑、彩绘、釉色变化等这些流程。瓷土的选择很重要，高级瓷器一般用高岭土，烧成以后瓷胎亮白。釉色不同使瓷器呈现出不同色彩，如果瓷土不够白，烧出来的瓷器会显得黄、灰。作为瓷器本身来说，可能是各有特点，但从品茶的角度来说则有不同的取舍。唐代煮茶用的是蒸青绿茶，现代绿茶是炒青工艺，无论是哪种，茶汤的颜色都以青绿为上，所以唐代青瓷及宋代影青瓷器都是适合绿茶的。红茶、乌龙茶、普洱茶的茶汤是红黄色乃至红酒色，略显黄白的茶具会使茶汤的色泽更加艳丽。

早期瓷器是灰胎青釉，但同一种釉水在烧造时因温度及窑里含氧量不同，烧出来的釉也会呈现黄色、深青色等。到唐代，瓷器已经是五彩纷呈。唐代末年更是出现了让人惊艳的湖水绿的秘色瓷，可算是青瓷史上的顶峰。宋代在汝州造青瓷器，已经全然不同于唐代的青瓷，无论是色彩还是工艺都达到了中国瓷器美学的巅峰，因为是贡品，在当时已经是一器难求了。湖田窑的青白釉则赋予了瓷器另一种审美价值，它继承了白瓷与青瓷的优点，白中透青、青中透白，称为影青。此外还有梅子青，釉面开片的哥窑瓷器等。至此，青瓷器已经达到了其所能达到的最高峰。

建盏则开辟了瓷器审美的另一种可能。直到晚唐以前，青黑色的或黄色的瓷器都被认为是比较低档的茶具，但是建盏这种粗厚的原本属于民间茶具的粗瓷却借着点茶而登堂入室，传到日本后，更影响了日本的审美理念。建盏外壁往往施半釉，以避免在烧窑中底部产生粘窑。由于釉在高温中易流动，故有挂釉现象，俗称"釉泪""釉滴珠"。相比于汝窑、钧窑、哥窑、官窑、定窑的精致工艺，建窑工艺的这个特点为建盏带来了朴素之美。建窑黑瓷的胎质基本特征为：截面色黑或灰黑、黑褐，此为含铁量较高所致；胎骨厚实坚硬，叩之有金属声，俗称"铁胎"，手感厚重；含砂粒较多，故胎质较粗糙，露胎处手感亦较粗。由于胎体厚重，胎内蕴含细小气孔，利于茶汤的保温，适合斗茶的需求。

瓷器外面的釉使得茶具容易清洗，不会在茶汤中留下异味。更主要的是，瓷器清丽雅致，自从产生以后就是富裕阶层追捧的对象。清代康熙皇帝收到宜兴进贡的紫砂，因嫌紫砂外表太素，让内廷造办处在紫砂外面又施了一层珐琅釉，以显雍容华贵。

4.2.2 瓷器茶具名品

历史上著名的瓷器茶具品种很多，这里我们对现代茶艺中还在使用的瓷器茶具作一下介绍。

1. 湖田窑点茶茶具

湖田窑是汉族传统制瓷工艺中的珍品，位于今景德镇市东南湖田村。它是中国宋、元两代制瓷规模最大、延续烧造时间最长、生产的瓷器最精美的著名古代窑场。湖田窑茶具以青白瓷见长。青白瓷也叫"影青""隐青""映青"，指的是釉色介于青白两色之间，青中泛白、白中透青的一种瓷器。青白瓷是宋元时期景德镇及受其影响的窑场烧成的、具有独特风格和鲜明时代特征的新品种。由宋迄元，青白瓷盛烧不衰，青白瓷系窑场多分布在南方几省，主要有江西浮梁景德镇窑、南丰白舍窑、吉安永和窑，湖北江夏的湖泗窑，广东潮安窑，福建德化窑、泉州碗窑乡窑、同安窑、南安窑等。今天市场上仿宋点茶的执壶、温碗、茶盏托等很多是仿湖田窑的作品。

2. 黑釉茶具

这类茶具以茶碗居多，也称天目盏。宋代天目盏传入日本后影响极大，由于日本茶道一直是点茶法，所以这类茶具在日本茶道中的地位比较高。今天中国茶艺中的仿宋点茶所用的点茶碗就是黑釉茶碗。中国黑釉茶具的产地很多，建州窑的建盏名气最大，著名品种有兔毫盏、鹧鸪斑等；吉州窑的贴花茶盏也很有特点，最初在烧成的茶碗中人们发现有一个落叶的影子留了下来，后来就开始有意识地在碗中贴花，除了木叶，还有剪纸等；定窑黑瓷称为"黑定"，又称"兔毛花"。黑定胎与白瓷胎一样，均为白胎。除了茶碗，很多煮水的壶也是黑釉。这类茶具可以增加茶席的沉稳感。

3. 青花盖碗茶具

青花又称白地青花瓷，简称青花。据专家考证，唐代就开始生产青花；到元代时，青花瓷器开始流行；明代时郑和下西洋带回的苏麻离青创造了永乐、宣德时期青花瓷器的辉煌。青花茶具在元明时期开始出现并流行，器型主要有盖碗与茶壶。釉里红是我国的传统釉下彩装饰之一，它是用铜做着色剂的色料在坯体上描绘各种纹样，然后施透明釉，经过高温烧成，在釉里透出红色的纹样，故称"釉里红"。因烧成合格品很困难，故其产品极为名贵。釉里红有单独装饰的，但大多数与青花结合在一起进行装饰而称为"青花釉里红"。其特点既有青花的"幽靓雅致，沉静安定"的特色，又增添了釉里红的浑厚壮丽，丰富了色彩效果，形成了高雅而又朴实的艺术风格。因此，青花釉里红瓷成为我国珍贵的瓷器品种之一。

4. 甜白釉茶具

中国有生产白瓷的传统。永乐白瓷制品中的上等品薄到半脱胎的程度，能够光照见影。在釉暗花刻纹的薄胎器面上，施以温润如玉的白釉，尤其是脱胎制作工艺极其复杂，大约需要几十道工序。甜白釉是其中最美观的一种。甜白也经常写为填白，是明代永乐年间创烧的一种白釉。甜白釉极莹润，能照见人影，比枢府窑卵白釉有更加明显的乳浊感，给人以温柔甜净之感，所以又称"葱根白"，素有"白如凝脂，素犹积雪"之誉。甜白釉茶具以盖碗及品茗杯居多。甜白釉的烧成为明代彩瓷的发展打下了基础。德化白瓷在今天的白瓷茶具中也很常见，从盖碗到品茗杯、公道杯、壶承等均有生产。福建德化窑是颇负盛名的地方窑。德化白瓷与甜白釉有明显的区别。从外观上看，明代德化白瓷色泽光润明亮，乳白如凝脂，在光照之下，釉中隐现粉红或乳白，因此有"猪油白""象牙白""少女白"之称。流传到欧洲后，外国人又称之为"鹅绒白"。现在法国人还以"中国白"直呼德化窑白瓷。

5. 开片系列茶具

瓷器在烧成以后大多会缓慢出现釉面开裂的现象，这也算是正常现象。宋代哥窑则是有意烧成开片瓷器，细碎的釉面开片为瓷器增加了残缺美，却并不影响使用。"哥窑"出现于南宋中晚期，与著名的"官、汝、定、钧"并称为宋代五大名窑，特点是"胎薄如纸，釉厚如玉，釉面布满纹片，紫口铁足，胎色灰黑"。除了哥窑外，现在很多仿汝窑茶具也做成了开片，茶盏在使用过程中开片会逐渐显现。作为一种审美，开片并无不妥，但不了解的人会误以为开片的那些线条的颜色都是每次饮茶时留下的。

6. 彩瓷茶具

中国的彩瓷茶具有釉上彩和釉下彩之分，且品种很多。彩色纹饰呈现在瓷器表面釉的上面为釉上彩。釉上彩的特点是装饰上由简单到复杂，色彩由一种到多种，不但色彩鲜艳光亮，同时装饰艺术性更强。釉上彩有一定的毒性，所以在茶具的内侧不宜用釉上彩。彩色纹饰呈现在瓷器表面釉的下面为釉下彩。釉下彩的特点是彩色画面不暴露于外界，而处于透明釉的覆盖下，既不会在使用过程中被磨损和腐蚀，又不致有危害。明代的彩瓷茶具绘画风格淡雅，画工稚拙。清代彩瓷茶具绘画画工精湛，有些非常烦琐，比如著名的万花不落地的画法：花卉布满瓷器表面，以致看不到其他釉色。

4.3 陶器茶具的特色

陶器早在原始社会就有生产，当人们刚开始饮茶时所用的茶具很可能就是陶器。进入奴隶社会以后，生产力迅速发展，陶器成为平凡普通生活的象征。晋代杜育在《荈赋》中说"器择陶简"，陶器的简朴与茶文化的朴素精神暗合。

4.3.1 紫砂茶具

紫砂茶具，由陶器发展而成，是一种新质陶器。陶器作为中国饮茶最早的用具之一，经历了粗陶、硬陶、釉陶、紫砂陶等几个发展阶段。紫砂茶具在高温下烧制而成，坯质致密坚硬，既耐寒又耐热，直接注入热水或直接用来煮茶皆不会引起破裂。而且紫砂茶具传热慢，持壶倒茶也不易烫手。从茶水效果上看，用紫砂茶具泡茶，茶水不失原味且能阻止香味四散，保留真香，久放也不易变质。这是由于紫砂泥料的独特性，让烧制后的紫砂器有独特的"双气孔"结构。紫砂壶是紫砂茶具的代表，是人们最为推崇的泡茶器具。从明武宗正德年间以来，紫砂开始制成壶，五百年间不断有精品传世。明代的制壶四名家是：董翰、赵梁、元畅、时朋。

关于紫砂壶的起源，较为普遍的说法是明代正德、嘉靖年间的供春是紫砂壶的创始人。他跟随主人在金沙寺读书时，从金沙寺僧那里学得了制作紫砂壶的技艺并使之广为流传。后来，供春将紫砂壶制作技艺传于时大彬。时大彬又传于弟子徐友泉、李仲芳，师徒三人并称为万历以后的明代三大紫砂"妙手"。到了明末清初，陈鸣远的瓜果壶闻名于世，而惠孟臣等紫砂名家使紫砂壶的造型更加生动、形象、活泼，使传统的紫砂壶变成了有生命力的雕塑艺术品，充满了生气与活力。同时，还发明了在壶底书款、壶盖内盖印的形式。清代嘉庆、道光年间的陈鸿寿设计了很多紫砂壶的样式，称为曼生十八式，他和杨彭年把诗文、书画与紫砂壶陶艺结合起来，在壶上用竹刀题写诗文、雕刻绘画，即兴设计了诸多新奇款式的紫砂壶，为紫砂壶创新带来了勃勃生机，表现出不同于京城富贵气的雅致风格。

近代，顾景舟老先生是最为著名的紫砂大师，他潜心紫砂陶艺六十余年，技术已达到炉火纯青、登峰造极的地步。新中国成立后，紫砂壶七老艺人中除了顾景舟，还有任淦庭、吴云根、朱可心、裴石民、王寅春、蒋蓉等六人。

一把好的紫砂壶首先应该具有良好的外观轮廓，其次还应该有一种内在的精气神韵。鉴赏紫砂壶的要点可以用六个字来概括，即"泥、形、工、纹、功、火"。紫砂泥雅称"富贵土"，主要分为三种：紫泥、绿泥和红泥。紫砂泥主要产自广东大埔和江苏宜兴。可以烧制紫砂壶的泥一般深藏于岩石层下，泥层厚度从几十厘米至1米不等。

4.3.2　紫砂茶具名品

1）时大彬六方壶，为红泥紫砂，1965年于扬州江都明代墓葬中出土，有关专家大多认为是时壶真品。明墓系万历四十四年所立。该壶现存扬州博物馆。壶形制规整，壶底阴文刻"大彬"两字。

2）三足盖壶，是时大彬早期的作品之一，通高11厘米（其中盖高3.47厘米），口径7.5厘米，现藏于福建漳浦县博物馆。这件紫砂壶泥呈栗红色，素面无饰，但因泥坯不纯，烧结后就出现了梨皮样的黄白色小斑点，刻在圈足内平底上的是楷书"时大彬制"四字。

3）天香阁壶，泥色紫黑，壶盖里刻"天香阁""大彬"五字。壶外观有大度之气，雍浑古朴，学者认为可能是时大彬早期的作品。现收藏于南京博物院。

4）僧帽壶。僧帽造型在唐宋以来的瓷器造型中已不少见。时大彬将其用于紫砂造型中，制作的僧帽壶棱角分明，线条流畅，精雅独到。底款系"生莲居大彬"五字。

5）时大彬制大提梁壶，收藏于南京博物院，以圆形为基调，正视，球状壶身配以圆圆的提梁，使两大圆轮廓线既相互交叉，又相互阻断，从而使壶形的立体感更为强烈；俯视，平整的小圆盖与大平底的轮廓线相互重叠，其盖钮正处于两个同心圆的同心位置上，更显示出其制作技艺的高超。

6）孟臣罐，清代南方流行的小壶，以人得名。惠孟臣以擅制小壶驰名于世，所造小壶大巧若拙，移人心目，后世称为孟臣罐或孟臣壶，以所制梨形壶最具影响。孟臣壶工艺手法洗练，节奏感强，尤其是壶的流嘴，不论长短，均刚直劲拔，有着与众不同的鲜明特色。壶体光泽莹润，胎薄轻巧，线条婉转流畅，成为孟臣壶突出的风格特征。孟臣壶在清代多用于闽粤工夫茶中。

7）东陵壶。明末清初制壶名家陈鸣远所做，壶呈瓜形，壶上有铭文："仿得东陵式，盛来雪乳香"。这里用了汉初召平隐居东陵种瓜的典故。陈鸣远制壶技艺精湛全面，又勇于开拓创新。其所制茗壶造型多种多样，特别善于自然型类紫砂壶的制作，其他作品还有莲子壶、束柴三友壶、松段壶、梅干壶、蚕桑壶等，均极具自然生趣。把自然型类紫砂壶在明人的基础上，进一步推向艺术化的高度。这些壶式不仅是他的杰出创造，而且成为砂壶工艺上的历史性造型，为后来的制壶家们所广泛沿用。

8）曼生壶。清代著名书画艺术家陈鸿寿设计的，有十八种款式，被称为曼生壶。曼生壶标志着紫砂壶与诗书画艺术的完美结合，从此以后，紫砂壶就成为雅俗共赏的茶具。曼生壶中的著名品种有井栏壶、周盘壶、葫芦壶等。

9）鱼化龙壶。清代邵大亨所作。邵大亨是制壶大家，他制的壶以挥扑见长，外形简练，如掇球、仿古等壶，朴实庄重，气势不凡，更突出紫砂艺术质朴典雅的特色，他的壶"力追古人，有过之无不及也"。其鱼化龙壶，伸缩吐注，灵妙天然。他的作品在清代时已被嗜茶者及收藏家视为珍宝，有"一壶千金，几不可得"之说。他制作的鱼化龙壶龙头一捆竹壶现收藏于南京博物馆。

4.4 其他茶具的特色

4.4.1 各种材质茶具

（1）金属茶具　金属茶具是指用金、银、铜、铁、锡等金属材料制作而成的饮茶器具，是我国较古老的日用器具。在古代，金属很稀少，所以比较昂贵，用来饮茶的金属器具也寥寥无几。金属茶具中，除了金银茶具外，最负盛名的是锡茶具。古人认为锡与茶性相得益彰，到明清时期，锡茶具与紫砂齐名。清代以后，锡茶具逐渐没落。如今，一些现代化的金属茶具被广泛使用。不锈钢茶具是现代社会使用最多的一种茶具，其中以不锈钢保温杯最为常见。虽然应用广泛，但是不锈钢茶具的泡茶效果极差。它虽然基本上不传热、不透气、保温性强，有利于携带和长时间储水，但是开水冲入后易将茶叶泡熟，使得茶叶变黄，茶味苦涩，完全失去了茶叶的原有味道。

（2）漆器茶具　漆器茶具是指采割天然漆树汁液进行炼制，在炼制过程中加入所需色料制成的一种茶具。比较著名的有北京雕漆茶具、福建福州脱胎茶具、江西鄱阳等地生产的脱胎茶具等，均绚丽夺目，具有独特的艺术魅力。

（3）竹木茶具　竹木茶具是指使用竹子、木材等天然材质，手工制造成的饮茶用具。

在我国古代，许多农村地区和茶区，由于人们的经济条件有限，很多人都使用竹木茶具来泡茶。在现代社会，竹木茶具已很少见，但仍有使用者。

（4）搪瓷茶具　搪瓷起源于古埃及，元代时传入我国。明代景泰年间（1450—1457年）创制了珐琅镶嵌工艺品——景泰蓝搪瓷茶具。清代乾隆年间（1736—1795年），景泰蓝搪瓷茶具开始由皇宫传到民间，这也标志着我国搪瓷工业的开始。进入20世纪，我国才真正开始大规模生产搪瓷茶具，20世纪50年代开始在我国流行，至今仍然有很多人用它来饮茶。

（5）塑料茶具　塑料茶具是现代社会的一种饮茶器具，但因塑料本身具有热力学特性，泡茶效果很差。如果塑料的质量差，不仅气味难闻，而且还可能对人体健康造成巨大的伤害。随着塑料工业的不断发展，塑料的质量有了很大的提高，已经达到了无色无味的要求。

（6）石茶具　它是用鸡血石、寿山石、灵璧石等色泽纹理适宜的天然石块精心刻制而成的一种工艺茶具。这种茶具不仅质地厚，保温性好，透气性强，不易变质，泡出的茶水味浓香醇，而且鲜艳的色彩和美妙的纹理使之具有很高的欣赏价值。但价格很高，少有人用。

（7）快客杯　快客杯就是一套最简单的茶具，上杯下壶，壶嘴自带过滤功能，壶盖为杯，设计简洁流畅，可以说是专门为个人饮茶所设计的。据说快客杯始于国外，将传统茶道里复杂的泡茶过程简化，又能满足日常的品饮需求。而且其杯就是杯，盖就是盖，茶水分离，虽然简化了流程，但又留存了基本泡茶的感觉，加上造型流畅，握在手里大小适中，因而很快就流行开来，成为一种新的泡茶流行趋势。

（8）茶水分离杯　茶水分离杯是另一种简单的茶具，一般由玻璃杯、滤网和茶仓三部分组成。由于滤网和茶仓可以实现茶水分离，使用者不仅可以在工作、旅途等多场景下自由调节茶汤浓度，还可以避免茶杯泡茶久泡无味的问题，如今也吸引了越来越多的使用者。

4.4.2　国外茶具

（1）日本茶具　饮茶之风传入日本，茶具也随之传入。在日本茶道的发展过程中，其本土茶具也有所发展。日本茶道的主要器具有：风炉，在地板上的火炉，功能与炉相同；釜，煮水的器具；柄杓，竹制的取水用具，在中间段多有竹节，用来取出釜中的热水；茶罐，木制上漆的盛抹茶的小罐（薄茶常用），形似大枣；茶杓，从茶罐中取茶的用具，竹制品；茶筅，圆筒形竹制的点茶用具，乃是将竹切成细刷状所制成，形状如喇叭，茶筅品质好坏会影响抹茶起泡的程度，竹穗根数越多效果越好，价格也就越高；茶碗，饮茶所用的器皿，有各种形状和颜色；水指，盛水的器具。

（2）韩国茶具　韩国的茶文化受中国明代初年的影响很大。煮水器用生铁的炉和锅，形状与我国唐代的鍑一样，但饮茶器却不用唐碗而用宋代的台杯，就是杯子下有一个高足的茶台（托），质地是青绿的瓷釉。在一般茶艺馆及家庭中，普遍使用的是白瓷的横柄茶壶与杯，通常一壶配四杯，沿用着"隐元"式的煎茶法及现代茶具。

（3）英国茶具 英国人饮茶最著名的就是下午茶。下午茶广泛流行于 18 世纪的英国上流社会，随后作为时尚，流传到民间。英国茶具以银锡制品及骨瓷为主。银锡茶壶闪亮，有着宫廷气息。骨瓷茶具有着明亮的光泽与艳丽的颜色，纹样以花为多，透着英式田园风味。正式的英国下午茶，对于茶桌的摆饰、餐具、茶具、点心盘都非常讲究，包括：瓷器茶壶、滤网及放滤网的小碟子、杯具组、糖罐、奶盅瓶、三层点心盘、茶匙、个人点心盘、奶油刀、吃蛋糕的叉子、餐巾、放茶渣的碗，将这些茶具放在桌上，桌布选择刺绣或带有蕾丝花边的，这样下午茶的气氛便营造出来了。

（4）印度茶具 印度人常饮用奶茶。因气候的不同，烧奶茶的方式有两种：南方讲究"拉"，两个杯子间牛奶和酽茶倒来倒去，在空中拉出一道棕色弧线，以便茶乳交融；北方则是"煮"，将牛奶倒入锅中，煮沸后加入红茶再用小火煮数分钟，加糖过滤装杯。烧茶的工具也不同，拉茶多用一口满是沸腾牛奶的大锅，和一个装煮好酽茶的大铜壶，铜壶带龙头，常画上一只竖眼和三道杠，象征主神湿婆，有时还装饰着新鲜的茉莉花串；煮茶则简单得多，一个小炉加一口小锅，哪里都能开张。

（5）俄罗斯茶具 俄罗斯人饮茶十分考究，有十分漂亮的茶具。茶碟很别致，喝茶时习惯将茶倒入茶碟再放到嘴边。俄罗斯人习惯用茶炊煮茶喝，茶炊实际上是喝茶用的热水壶，装有把手、龙头和支脚。

（6）阿根廷茶具 阿根廷人饮用马黛茶，三件器具必不可少：用空心葫芦制的马黛杯、金属吸管和装热水的保温瓶或水壶。

复习思考题

1. 简述茶具的历史演变。

2. 茶具按材质可分为几类？ 每种材质茶具分别举例。

3. 茶具按功能可分为几类？ 每种功能茶具分别举例。

4. 简述陆羽《茶经》 里的 25 种茶器名称及功能。

5. 简述南宋审安老人《茶具图赞》 中 12 种主要器具及功能。

6. 我国茶具的产地有哪些？

7. 简述国外茶具的品种与特点。

项目 5

品茗用水知识

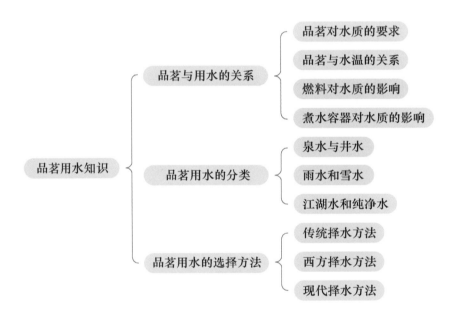

品茗用水知识
- 品茗与用水的关系
  - 品茗对水质的要求
  - 品茗与水温的关系
  - 燃料对水质的影响
  - 煮水容器对水质的影响
- 品茗用水的分类
  - 泉水与井水
  - 雨水和雪水
  - 江湖水和纯净水
- 品茗用水的选择方法
  - 传统择水方法
  - 西方择水方法
  - 现代择水方法

5.1　品茗与用水的关系

茶的内质必须溶于水然后才能显现出来。品茗与水有四个方面的关系：水质、水温、燃料和器具。下面我们就从这几个方面来介绍。

5.1.1　品茗对水质的要求

最早对水质的要求是清，这是所有饮食对水质的共同要求。最早提到茶与水关系的人是晋代的杜育，他在《荈赋》里写道："水则岷方之注，挹彼清流。"晋代对水质的要求主要是一个字——清。陆羽在《茶经》里第一次对茶与水的关系作了论述。对于水质，他认为："其水用，山水上，江水中，井水下。其山水，拣乳泉、石池漫流者上，其瀑涌湍漱，勿食之，久食，令人有颈疾。又多别流于山谷者，澄浸不泄，自火天至霜郊以前，或潜龙蓄毒于其间，饮者可决之，以流其恶，使新泉涓涓然，酌之。其江水，取去人远者。井水，取汲多者。"总的来说，陆羽对水质的要求是以清洁、安全为上。

唐代张又新的《煎茶水记》发展了陆羽的观点，书中收录了两份评水记录，一份是刘伯刍的，另一份是陆羽的。刘伯刍将宜茶用水分为七等："扬子江南零水第一；无锡惠山寺石泉水第二；苏州虎丘寺石泉水第三；丹阳县观音寺水第四；扬州大明寺水第五；吴松江水第六；淮水最下，第七"。《煎茶水记》是我国第一部品评水的专著，开了后代文人品水的先河，书中所评泉水大多品质上佳，被后代茶人追捧。它记录了唐代人对水质的一种认识，为研究中国茶艺择水理论的发展提供了最初的资料。张又新也提出了一些被后人普遍认同的观点，如"茶烹于所产处，无不佳也，盖水土之宜"，就很有道理。

明代人开始注意到，不同水质的水，密度也不相同。徐献忠在《水品》中说："水以乳液为上，乳液必甘，称之，独重于他水。凡称之重厚者，必乳泉也。丙穴鱼以食乳液，特佳。煮茶稍久，上生衣。"清乾隆帝是"水重"论的支持者，但观点与徐献忠的相反，徐献忠认为佳水必重，而乾隆认为佳泉水必轻。他在《玉泉山天下第一泉记》中说："水之德在养人，其味贵甘，其质贵轻，然三者正相资，质轻者味必甘，饮之而蠲痾益寿。故辨水者恒于其质之轻重分泉之高下焉。"

由于对水质认识的发展，唐宋时所认为的"清"的标准在明代开始受到挑战，许次纾在《茶疏》中说："往三渡黄河，始忧其浊，舟人以法澄过，饮而甘之，尤宜煮茶，不下惠泉。黄河之水，来自天上，浊者土色也，澄之既净，香味自发。"他发现，经过澄清的黄河水原来也是可以烹茶的，而且味道比大名鼎鼎的惠泉也不差。

5.1.2 品茗与水温的关系

陆羽在《茶经》中对煮水的火候要求非常详细。他把沸水分为三个层次："其沸，如鱼目，微有声，为一沸；缘边如涌泉连珠，为二沸；腾波鼓浪，为三沸；已上，水老，不可食也。"我国古代对于煮水的火候有"虾眼""蟹眼""鱼眼""连珠"等能目测来辨别的"形辨"的名称，这是几个不同火候的水中气泡的形态。在煮水时，我们可以在容器的底部及壁上发现一些气泡；当温度升高时，小气泡膨胀，由底部上升，升到上层温度较低时，气泡又会缩小，在气泡的膨胀与缩小之间发生的振动使得水会发出声响；而当水煮沸时，气泡升到水面就破裂了，与容器的共振也就不存在了，所以水不响了。

宋人点茶法是用汤瓶来煮水的。水在瓶中，眼睛无法看到，只能靠耳朵来听声音，判断瓶中水的温度，称为"声辨"。"声辨"给人们带来了新的乐趣，茶人们将煮水时发出的声响称为"松风"。煮水时的火候不容易控制，而且会因为种种原因，水煮得老了，对此，宋人并没有如陆羽所说的那样，简单地来一句"水老，不可食也"，而是找到了一个方法，解决了煮水时经常出现的这一问题。宋徽宗在《大观茶论》里说："凡用汤以鱼目，蟹眼连绎迸跃为度，过老，则以少新水投之，就火顷刻而后用。"宋人在水温的要求上也和唐代的三沸要求不一样，只相当于唐代煎茶中的一沸、二沸的水。这也与宋代点茶法的特点有关。点茶法中，茶不需要放入锅中去煮，而是在瓶中煮水，保温效果要好于在铫中煮水，也就不需要把水煮到腾波鼓浪的状态了。

明清撮泡法在煮水的火候上与前人的说法大致相仿，但也有自己的创见。明代朱权认为煮茶所用的水应当是三沸之水汽全消的水。对于明代开始流行的散茶撮泡法，陆树声在《茶寮记》中提出了水温与时间的要求："叶茶骤则味乏，过熟味昏底滞。"

现代茶艺中对于煮水的火候选择有三种情况：一是传统的沸水；二是85℃的开水；三是冷开水。现代茶艺中所用的沸水是介于"三沸"与"五沸"之间的，但这说的是将水烧透，而不是指用100℃的沸水去冲泡茶叶。之所以要将水烧透，与现代的水质有很大的关系，在用自来水的情况下，不同水的硬度是不一样的，通过煮水可以将假性硬水转化成软水，可以使水中漂白粉的气味多散去一些。如果用纯净水，只要煮至三沸就行了。用冰水，是将煮沸以后的水晾凉，再冻成冰，其实只是泡茶温度上的变化，在煮水的要求上与沸水还是一致的。

沸水泡茶有着不同的温度要求。自明代以后，散茶出现了黄茶、白茶、黑茶、红茶、乌龙茶等新品类，加上原有的绿茶一共是六大茶类。这六大类茶对泡茶水温的要求不一样，再加上茶叶老、嫩、新、陈的区别，泡茶的水温要求就更多了。高海拔的地方气压低，往往达不到100℃水就沸腾了，所以煮茶的方法比较流行。一般来说，泡制高档绿茶用80~85℃的水温，茶汤的香气、滋味最好。因此，在冲泡高档绿茶时，应先将水烧沸，然后稍稍晾凉再用来泡茶。对于高档绿茶，冲泡时不可以加盖，以免茶汤产生一股焖熟味。冲泡乌龙茶时要用刚烧沸的水，温度在 95℃ 左右。而在冲泡酥油茶、奶茶等时，茶要煮过才行。

5.1.3　燃料对水质的影响

燃料对水质的影响有两点：一是燃烧时产生的烟气；二是燃料热量不够，不能把水煮透。

煮水的燃料在燃烧时产生的烟与气味弥漫在空气中，会使水也染上气味。如果煮了一半火停了，燃料停止燃烧时会有烟和一些气味散发出来，会影响到水的气味；如果煮水的燃料用的是有烟的木柴，更会影响水的气味；如果木柴质地轻，会不太耐烧，可能会出现水烧不开的情况；至于用牛粪、枯枝枯叶之类，前者耐烧，但心理感觉不好，后者火猛但不耐烧，烟也大，这样会影响茶的香味。

唐代苏廙在比较了各种燃料后认为用炭比用柴好，因为炭的热量高，耐烧，符合"活火煎茶"的要求。如他说的煮水的时候不能有烟，不能用有气味的燃料等。古人把油脂成分较多的燃料，与火势太猛又不禁烧的燃料放在一起讨论，前者称为"膏薪"，后者称为"暴炭"，这两类燃料在燃烧时都会有烟。古人一直在寻找无烟的燃料，明代时人们终于找到了没有烟的橄榄炭。

5.1.4　煮水容器对水质的影响

陆羽在《茶经》中提到茶釜对水质的影响，他认为瓷石是雅器，金银是贵器，铁釜虽然寻常，但是耐用，所以他的选择是铁釜。但是唐代人在这一点上并不紧跟陆羽。

苏廙在《十六汤品》中就煮水的容器列了四种水质。用金银容器煮出来的开水称为富贵汤，因为这样的容器是普通人所用不起的；用石器煮出来的开水称为秀碧汤，因为石头是山的一部分，秀碧是山的神韵，用来煮水，当然也有这样的韵味；用瓷器煮出的开水称为压一汤，天一生水，压一的意思是最好的开水，只有瓷器无色无味，符合真水无香的要求；用铜铁铅锡类的容器煮出来的开水称为缠口汤，这一类器皿易氧化，容易有金属味，会严重影响茶汤的滋味；用瓦罐煮出的开水称为减价汤，一方面因为这样的容器太廉价，另一方面也是因为这些容器通常会有泥土的气味。

金银容器因为其贵重，但是水的品质并无改变。金银都是不活泼的金属元素，不太容易与其他物质发生反应，在饮用水中也不可能含有可以与它们发生反应的物质，所以关于银壶能软化水质的说法是错的。银离子与纳米银有杀菌作用，但泡茶所用的水经过煮沸后，细菌基本已经被杀死，所以这个杀菌作用也没有太大的意义。

铜铁铅锡类容器在煮水的时候，会有较多的离子游离出来，使水中带有金属味，尤其是放置一段时间不用的容器煮出来的水更会有金属味。长时间使用的金属壶内会有一层水垢，煮水时的金属味会因此少很多。这一类容器在使用前要先擦洗干净，用后也要及时洗净晾干。

陶器瓦器在初次使用时容易有灰尘的气味。有些陶土添加了化工材料，用这样的容器烧水也会有气味。陶器瓦器质地粗，有细微孔洞，如果曾煮过汤羹，气味也会留在里面。长时间使用后，器皿的微孔会被水垢堵住，灰尘味也就消失了。

5.2 品茗用水的分类

关于茶与水的关系，明代张大复在《梅花草堂笔谈》中也说："茶性必发于水，八分之茶，遇十分之水，茶亦十分矣；八分之水，试十分之茶，茶只八分耳。"世上优质的水很多，下面列举几种供参考。

1. 泉水与井水

泉水仍是现代泡茶用水的首选。目前可用的泉水主要集中在一些风景区与自然保护区，但由于地下水的过度开采，泉水的季节性变得很明显。如济南号称泉城，但目前到了旱季，往往会出现泉水枯竭的情况。还有一些泉水，因游人太多，水中的杂物也跟着多了起来，水质也受到影响。矿泉水是泉水中特殊的一种，一般来自地下数百米甚至数千米，是在极特殊的地质条件下，经过漫长岁月逐渐形成的。矿泉水是优质的饮用水，但许多矿泉水不能引发茶香，甚至有损茶汤的色香味，所以不是合适的品茗用水。

井水有两种，北方的一些深井水与地下水有关，而南方的井水大多数比较浅，与地表水有关。农村里的井水也还可用，但在一些工业城市，地表水与地下水污染严重，普通的井水也不能使用了。另外，由于自来水的普及，井水在城市里已经很少了，长时间不用，井中就会有一些污秽杂质及蚊虫滋生，加上水长期不流动，水质也会变差。如果用井水，应如陆羽所说的经常汲取井水，好好地淘一淘，才能用来泡茶。

还有一种情况，人们为了取水方便，在泉水上装上井栏，也称为井。这种井水与传统的井水不是一回事。也有把城市里打的井称为泉的，这与山泉也不是一回事。

2. 雨水和雪水

雨水以秋雨和梅雨为好，这两个季节由于雨水较多，空气中的污染物相对较少，雨水的质量较好。夏天由于气温较高，雨水中的细菌也比较多，因而水的气味不太好。在空气污染严重的地方，雨水不适宜用来泡茶。雨水收集了以后，可以放在罐子里密封好。长时间收藏的雨水，水质也会变差，可以用一些洗净的石子，放在罐中，可以使水的气味清新，用时可将干净的瓦片烧热，放于水中，能起到净化水质的作用。收集雨水时，不要把盛器放在屋檐下，屋顶一是有灰尘，还会有一些鸟粪和虫子。最好把盛器放在空旷的庭院中，虽然收得慢一些，但水质较好。

雪水的收集贮藏与雨水相仿。在收集雪水时，可选择一些花卉上面的雪，如梅花上的雪，松、柏、竹等植物上的积雪也可以，这些雪往往气味清新。取雪时，尽量取上层，底层的会有较多杂质。近年来，南方的气温较高，冬天雪很少，即使有也是很薄的一层，不宜用来泡茶。雨水、雪水也以景区及自然保护区的品质较好。

3. 江湖水和纯净水

现在的江湖水基本不可用了，航运与排污使得江水不堪饮用，历史上江边的那些名泉如今大多废掉了。也有一些江由于交通不便，水质还不错，如浙江的富春江、新安江等。湖水由于水产养殖的缘故，营养程度往往比较高，一般都不可用来泡茶了。相比较而言，人迹罕至的山中溪水往往质量不错，但深山里不流动的潭水不宜饮用。

纯净水是经过净化的可即时饮用的水，它符合生活饮用水的卫生标准，不含任何添加物，用于泡茶也是一个不错的选择，但在风味上比天然泉水差些。蒸馏水更干净，几乎没有杂质，但对于泡茶来说，无助于茶香的发散。

自来水由于取水口的不同，以及管道可能存在的一些问题，水质往往不利于泡茶。于是有很多人在上述各种水之外，也选择安装净水器。净水器过滤后的水质与净水器的滤芯相关。茶艺师应在选择净水器时，用各种茶叶试泡，看水质与茶叶的适应情况。

5.3 品茗用水的选择方法

1. 传统择水方法

在唐宋时期，对于水质，人们往往通过自己的感官经验去选择，这种择水方法局限于个人的感官品评能力，大部分人是无法做到的。宋代苏东坡饮茶要用仙游潭中兴寺旁玉女洞的泉水，但他自己其实并不能尝出泉水的真假优劣，又担心派去取水的人欺骗他，于是破竹为契，一半放在寺中僧人处作为取水信物，称之为调水符。精于饮食的苏东坡都尝不出，对普通人来说难度就更大了。这种情况到了明代，发生了一些变化，明代人总结经验，认为可以根据季节来择水。

许次纾认为："凡春夏水长则减，秋冬水落则美。"这也有一定道理，春夏时水涨，上游的泥沙、水草及其他的一些污染物都会顺流而下，水质不会太好，而且水草多了还会造成水质的富营养化；秋冬季没有太多的雨水，水草也大多死了，微生物的繁殖较慢，水质相对就要好许多。对于雨雪水在烹茶中的应用，《红楼梦》中栊翠庵品茶一节，妙玉用陈年的雨水和梅花上的雪水来泡茶就是这一类做法。

这种择水方法更多的还是与个人的心性爱好有关。陆羽认为山水、江水比较好；宋徽宗则认为江里有鱼虾生存，水质不洁。从唐代张又新《煎茶水记》之后，名士评水就成为时尚。明代更是有两本代表性的论水著作：田艺蘅的《煮泉小品》和徐献忠的《水品》。但清代纪昀在评价这两本书的时候，说书中是"一时兴到之言，不必尽为典要"。

2. 西方择水方法

欧洲人来到明代的中国以后对品评水质也很感兴趣，并且提出了他们的一套鉴别水质的方法。《茗笈》一书中的"附泰西熊三拔试水法"对此做了记载。

"试水美恶，辨水高下，其法有五。凡江河井泉雨雪之水，试法并同。

第一煮试。取清水置净器煮熟，倾入白瓷器中，候澄清，下有沙土者，此水质恶也。水之良者无滓。又水之良者煮物则易熟。

第二日试。清水置白瓷器中，向日下令日光正射水，视日光中若有尘埃氤氲如游气者，此水质恶也。水之良者，其澄澈底。

第三味试。水无形也。无形无味，无味者真水。凡味皆从外合之。故试水以淡为主，味佳者次之，味恶为下。

第四称试。有各种水欲辨美恶，以一器更酌而称之。轻者为上。

第五纸帛试。又法用纸或绢帛之类，色莹白者，以水蘸而乾之，无迹者为上也。"

熊三拔是意大利来的传教士。相比较而言，这个外国人的试水方法比中国传统的鉴水方法更具有可操作性和科学性。明代以后，传教士对中国的文化圈影响较大，在评水方面也是这样。按熊三拔的做法，认为水轻的品质好。清代乾隆皇帝爱茶，也对水很讲究，他评判水的标准与熊三拔是一样的。

3. 现代择水方法

从陆羽到张又新，人们对煎茶用水的认识是逐步发展的。陆羽所说的对水质的要求基本上是从水的清洁卫生的角度出发的，而张又新则更进一步，从水质与茶相宜的角度来评价水的质量。陆羽、张又新等人的观点现在来看也还是很有科学道理的。据化学分析，水中通常都含有钙镁离子，钙镁离子含量较高的水叫硬水，钙镁离子含量较少的水叫软水，如果水的硬性是由于含有碳酸氢钙或碳酸氢镁引起的，这种水叫暂时硬水。暂时硬水煮沸后，所含的碳酸氢盐就分解生成不溶性的碳酸盐而大部分析出，就成了软水。如果水的硬性不能用加热的方法去掉，这种水叫永久硬水。常饮硬水对人的健康有一定的影响。饮茶用水也是以软水为好，软水泡茶，茶汤明亮，香味鲜爽，用硬水泡茶则会使茶汤发暗，滋味发涩，如果水中含有较多的碱性物质或是含铁质，就会使茶汤变黑，滋味苦涩，彻底失去饮用的美感。

现代水质标准是建立在水化学的基础之上的，由于各国发展情况不一，各国的水质标准也不尽相同，有的差距还比较大。我国依据地面水水域使用目的和保护目标将其划分为五类：一类水，主要适用于源头水、国家自然保护区；二类水，主要适用于集中式生活饮用水水源地一级保护区、珍贵鱼类保护区及游泳区；三类水，主要适用于集中式生活饮用水水源地二级保护区、一般鱼类保护区及游泳区；四类水，主要适用于一般工业用水区及人体非直接接触的娱乐用水区；五类水，主要适用于农业用水区及一般景观要求水域。如果同一水域兼有多类功能，依最高功能划分类别。有季节性功能的，可分季节划分类别。

我国《地表水环境质量标准》（GB 3838—2002）中规定的地表水环境质量标准基本项目标准限值见表 5-1。

表 5-1　地表水环境质量标准基本项目标准限值　　（单位：毫克/升）

序号	项目		分类				
			I 类	II 类	III 类	IV 类	V 类
			标准值				
1	水温/℃		人为造成的环境水温变化应限制在：周平均最大温升≤1　周平均最大温降≤2				
2	pH 值（无量纲）		6~9				
3	溶解氧	≥	饱和率 90%（或 7.5）	6	5	3	2
4	高锰酸盐指数	≤	2	4	6	10	15
5	化学需氧量（COD）	≤	15	15	20	30	40
6	五日生化需氧量（BOD_5）	≤	3	3	4	6	10
7	氨氮（NH_3-N）	≤	0.15	0.5	1.0	1.5	2.0
8	总磷（以 P 计）	≤	0.02（湖、库 0.01）	0.1（湖、库 0.025）	0.2（湖、库 0.05）	0.3（湖、库 0.1）	0.4（湖、库 0.2）
9	总氮（湖、库，以 N 计）	≤	0.2	0.5	1.0	1.5	2.0
10	铜	≤	0.01	1.0	1.0	1.0	1.0
11	锌	≤	0.05	1.0	1.0	2.0	2.0
12	氟化物（以 F⁻ 计）	≤	1.0	1.0	1.0	1.5	1.5
13	硒	≤	0.01	0.01	0.01	0.02	0.02
14	砷	≤	0.05	0.05	0.05	0.1	0.1
15	汞	≤	0.00005	0.00005	0.0001	0.001	0.001
16	镉	≤	0.001	0.005	0.005	0.005	0.01
17	铬（六价）	≤	0.01	0.05	0.05	0.05	0.1
18	铅	≤	0.01	0.01	0.05	0.05	0.1
19	氰化物	≤	0.005	0.05	0.2	0.2	0.2
20	挥发酚	≤	0.002	0.002	0.005	0.01	0.1
21	石油类	≤	0.05	0.05	0.05	0.5	1.0
22	阴离子表面活性剂	≤	0.2	0.2	0.2	0.3	0.3
23	硫化物	≤	0.05	0.1	0.2	0.5	1.0
24	粪大肠菌群/（个/L）	≤	200	2000	10000	20000	40000

我国《生活饮用水卫生标准》（GB 5749—2006）规定了生活饮用水水质卫生要求、生活饮用水水源水质卫生要求、集中式供水单位卫生要求、二次供水卫生要求、涉及生活饮用水卫生安全产品卫生要求、水质监测和水质检验方法。该标准的各类指标中，可能对人体健康产生危害或潜在威胁的指标占 80% 左右，属于影响水质感官性状和一般理化指标即不直接影响人体健康的指标约占 20%。

复习思考题

1. 品茗与水质的关系是什么？ 列举 20 处著名泉水。
2. 简述唐代、宋代、明代茶道对水温的要求。
3. 燃料与容器对水质有何影响？
4. 简述现代品茗用水的分类。
5. 简述品茗用水的现代择水方法。

茶艺基础知识

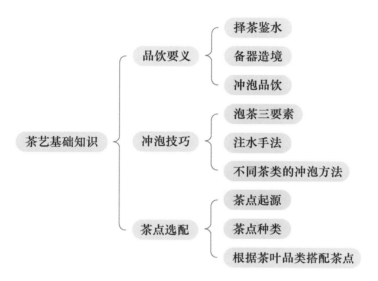

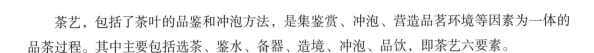

茶艺，包括了茶叶的品鉴和冲泡方法，是集鉴赏、冲泡、营造品茗环境等因素为一体的品茶过程。其中主要包括选茶、鉴水、备器、造境、冲泡、品饮，即茶艺六要素。

6.1 品饮要义

6.1.1 择茶鉴水

挑选茶叶时，可以根据个人喜好、气候条件、客人要求及客人体质等方面进行挑选。如有人爱喝清香高爽的绿茶，有人爱喝花香馥郁的乌龙茶，有人爱喝滋味浓醇的黑茶，可以根据客人喜欢的香气、滋味进行挑选。也可根据当地的天气情况及气候条件，选择适合品饮的茶叶，如在温暖潮湿的南方，炎炎夏日品饮绿茶可清热解暑，清心除烦；在寒冷干燥的北方，一壶红茶可以生热暖腹，温胃去寒。再则可以根据客人体质，综合客人要求挑选茶叶。选择一款适合客人的好茶，是茶艺品饮的基础。

选择好茶叶类型，还需会挑选好茶叶。怎样才能算好茶？要从外形、香气、汤色、滋味、叶底五个方面进行鉴别。从干茶外形看，嫩度、条索、色泽、整碎和净度都要符合茶叶该有的标准。干茶色泽上要求红茶乌黑油润、绿茶翠绿、乌龙茶青褐色等；干茶条索要求大小、长短一致，匀整度较好，没有茶片、茶梗、茶末等混入其中，不含任何非茶类夹杂物。茶叶经热水泡开后，要求香气正常，具有一股清幽宜人的香气，或淡雅，或浓烈，闻之使人神清气爽，而有烟、馊、霉、老火等气味，往往是由于制造工艺或茶叶贮藏不当所致。除此之外，还要观察汤色，好的茶叶汤色清澈透亮，低级或变质的茶叶，汤色则混浊且晦暗。而茶汤滋味，是茶叶评审的一项重要因子，可以判断出茶叶内质的优劣，如绿茶鲜爽，红茶甜醇，若滋味中带有浓重的苦涩、烟味、酸味、霉味、异杂味等，则说明茶叶的原材料、加工或仓储过程中存在问题，或是劣质茶。叶底主要是看色泽及老嫩程度，若色泽明亮且质地柔软的，则表示原材料及制茶技术处理良好。

去市场挑选茶叶，不能光从外形进行评判，茶叶质量的高低，要按以上五个要素进行感官评审。若是包装好的茶叶，要注意生产日期，同时要注意观察茶叶的储存环境，是否干燥、通风，注意避潮湿、避异味、避阳光。

现代城市大多使用自来水，水源一般都是经过人工净化、消毒处理过的江水或湖水，因含有较多的氯化物，用之泡茶会影响茶水品质。如选用自来水泡茶，可以将自来水储存在水缸中，静置一昼夜，待氯气自然挥发后，再煮沸泡茶，或者适当延长煮沸时间以驱散氯气。在城市中，许多茶艺馆和个人都使用市面出售的矿泉水、纯净水泡茶，效果很不错。纯净水是以符合生活饮用水卫生标准的水为水源，采用蒸馏法、电解法、反渗透法及其他适当的加工方法制得的，纯度很高，不含任何添加物，可以直接饮用，用纯净水泡茶可以保留茶的本质特色。

6.1.2　备器造境

我国对饮食的环境非常讲究，其中尤以茶艺的环境最为讲究。茶艺的环境可分为两类：物境与人境。物境不会因人的意志而转移，如晴雨、高山、瀑布、清泉、竹林、园林等；人境主要是指人，如伴侣、心情等。因为环境的不同，茶艺被分为不同的类别，或者也可以说，不同的茶艺类别选择了其所需要的环境。对茶境的选择一直是中国茶艺的重点。欧阳修诗："泉甘器洁天色好，坐中拣择客亦嘉。"苏轼在扬州时于石塔寺试茶，曾写诗云："禅窗丽午景，蜀井出冰雪，坐客皆可人，鼎器手自洁。"苏轼与欧阳修强调的内容其实是一样的，就是喝茶要有一个好天气，要有解风情、懂风雅的客人，要有洁净的器具，要有甘美的泉水。这四个内容中，泉水往往是受地域环境限制的，其他三者都可以由人来营造。古人称之为"三不点"，即景不佳不点茶、客不佳不点茶、器不洁不点茶。这三者共同构成了茶艺的"境"，可称之为心境、人境、物境。

1. 人境包括人数、人品两个方面

最早对茶艺人数提出明确要求的是陆羽。《茶经》中说："夫珍鲜馥烈者，其碗数三；次之者，碗数五。若坐客数至五，行三碗；至七，行五碗；若六人以下，不约碗数，但阙一人而已，其隽永补所阙人。"通过陆羽的描述，我们可以发现，唐代人饮茶时，人数一般不超过六人，至少陆羽是这样要求的。现代的人们在古人的基础上提出：独饮得神，对饮得趣，众饮得慧。作为日常生活的一部分，饮茶活动是很难规定具体人数的，而人数的不同，人们所领略到的茶的趣味也不一样。

苏轼说的"坐客皆可人"指的是与自己气味相投的人，又说"饮非其人茶有语"，如果茶能说话，会对不适当的茶侣提出抗议的，这都是对人品的要求。在文人心中的茶侣往往都是些超然物外的高人，这样的人才算是"可人"。

2. 心境表现为以茶静心和心静茶香

这是饮茶的两种状态，都强调一个静：以茶静心，静是结果；心静茶香，静是原因。中国人在开始饮茶时就发现茶有静心宁神的作用。东晋名将刘琨镇守并州，水土不服，再加上强敌环伺的巨大精神压力，经常觉得烦躁，一次得到了安州干茶，煎服之后，觉得神清气爽，这是茶的自然功效。

茶的味道很丰富，有苦、涩、甘、酸、辛；水的味道很清淡，但也有甘、寒、淡的区别，煮沸的水与未沸的水不同，煮老的水与煮嫩的水不同，这些味道需要静下心来才能品尝出来。因此，同样的一盏茶，不同的人品来，味道是不一样的。罗廪在《茶解》中说："茶须徐啜，若一吸而尽，连进数杯，全不辨味，何异佣作。卢仝七碗亦兴到之言，未是实事。

山堂夜坐，手烹香茗，至水火相战，俨听松涛，倾泻入瓯，云光缥缈，一段幽趣，故，难与俗人言。"说的就是饮茶时的安静的心理状态。"一吸而尽，连进数杯，全不辨味"正是心情浮躁的表现。心静有两层意思，一是情绪平静，二是保持平常心。平常心是茶艺中最重要的，有平常心才真正能做到心静，才能真正品出茶与茶艺的滋味。

3. 物境

指茶艺活动所处的客观环境，包括自然界的阴、晴、晨、暮，山、河、林、石，也包括一些人文的如园林、器物等。物境与茶艺活动的氛围直接相关，有好环境，即使是普通的茶也会品出上好的味道来，纷乱的心情也会得以平静；没有好环境，再好的茶，再细心的准备都会让人觉得索然无味。因此，清雅的物境是进入茶艺氛围必不可少的条件。物境分为自然环境与人文环境两类，朱权在《茶谱》中说的宜于品茶的环境为："或会于泉石之间，或处于松竹之下，或对皓月清风，或坐明窗静牖。"四种环境前三者都是自然环境，最后一个是人文环境，可见自然环境是最理想的饮茶环境。

山水云林是茶艺的首选，茂林修竹是适合茶艺的自然环境。在这样的环境里，人可以感受到身心与自然的融合，感受到彻底的宁静。

晴空朗月，雨雪天气也是品茶的好时候。唐宋时的团饼茶在饮用前有一个炙茶的过程，茶人用小竹夹夹住茶饼在小火上烤，茶饼发出"滋滋"的声音，与室外的飘雪、雨声相和成趣。晴天饮茶受到更多人的喜爱，苏轼诗"禅窗丽午景"，陆游诗"晴窗细乳戏分茶"等，都是选择晴天进行茶艺活动。

人文环境方面，茶人们认为，茶艺应当远离人间烟火，即使是在人造的环境中也要尽量少一些烟火气，许次纾在《茶疏》中提到的茶艺不宜靠近的两个地方就是"阴室"和"厨房"，而茶艺的良友是"纸帐楮衾、竹床石枕、名花琪树"。

寺院是最安静的品茶场所。寺院道观是红尘以外的地方，在这里，人们听着晨钟暮鼓，与僧人闲话，多少俗世烦恼可以得到片刻的忘却，茶里所品到的也就不完全是茶的味道，更有对人生的理解，还有更多的"和、静、清、寂"。除了寺院道观，书院也是个安静品茶的好地方。苏轼在《试院煎茶》诗中写道："蟹眼已过鱼眼生，飕飕欲作松风鸣。"正是在安静的书院环境下，煮茶的人与喝茶的人才能听清煮水时的"飕飕松风"。

寺院、书院在现代的茶艺中是很难得的，即使在古代也不是随时随地方便去的，更多的是通过建筑和园艺的设计来营造一个安静的氛围。茶室内部的设计则常带有浓厚的修身养性的味道。明代人高濂对茶寮的室内摆设做了非常精到的设计，他主张茶寮要小，最好靠着书房。茶寮内放一只茶灶用来煮水；六个茶盏，如此看来，高濂所招待的客人不会超过五个人；一只茶盘，用来为客人奉茶；两只茶壶，其中一只用来盛熟水，或者用来煮水；一只茶臼，用来碾茶；拂刷、净布各一；炭箱一；火钳一；火箸一；火扇一；火斗一只，用来燃烧香饼；茶囊两个。在高濂的设计中可以看出，明代的茶寮是一个很朴素的地方，室内没有多余的装饰品，在文徵明的《陆羽饮茶图》中就可以看到这样的茶室。除了炭箱、火钳等火具已不用外，现代茶寮的室内风格与明代没有太大的区别。

4. 备具

与境相配的是器。俗话说"水为茶之母，器为茶之父"，泡好茶，要根据不同茶叶的特点，选择合适的茶具。广义上的茶具是指与泡茶、饮茶有关的所有器具，狭义上的茶具是指茶壶、盖碗、茶盅、茶杯等器皿。在实际泡茶使用上，茶具的配置讲究实用、简单、洁净、优美。

强调茶具的实用性，是由其内在的科学性决定的，比如紫砂壶，首要考虑的是壶口与壶嘴是否齐平、出水是否流畅如注、壶与盖接缝是否紧密等细节，实用性直接决定着器具用起来是否得心应手，至于造型沉稳典雅则在其后考虑。而如何选择适合的茶具，则需要视具体情况而定。

一是根据茶叶品种。如品饮名优绿茶，一般选用无花纹透明玻璃杯，或者白瓷、青瓷敞口杯，选择玻璃杯冲泡绿茶，既不用担心闷熟茶叶，还可充分欣赏绿茶优美的叶底及碧绿的汤色。而冲泡红茶则可以选择使用紫砂壶或瓷壶或盖碗。冲泡乌龙茶则可使用工夫茶具等。

二是根据品饮场合。喝茶的场合一般是个人住所、公司、茶馆或是郊外等。在家里饮茶是比较轻松随意的，可以一人独饮，全凭个人的喜好与心情，茶与器具的选择也可随性自在。也有三五知己齐聚家里品茗聊天的，主人可根据茶叶品种拿出自己心仪的茶具，可以不用搭配成套，重在轻松自如的品茗环境。而在公司接待客人，多是商谈要事或磋商业务，注意力多不在茶上，可适当降低要求，注意干净整洁，茶具选择以简洁大方为主。在茶馆待客，则要求较高，必须提供干净、整洁、高档的茶具，且配套齐全，讲究整体协调，有专业性。若在大自然中饮茶，则要配合环境与主题，选择淳朴、简单、自然的茶具，讲究人、境、器的完美融合。

三是根据品饮人数。根据品饮人数选择泡茶壶的大小，如果是 2~3 人饮茶，可以选择220 毫升左右的茶壶或盖碗泡茶。如果 4 人以上，则要选择较大的茶壶茶具。

6.1.3　冲泡品饮

1）冲泡茶叶是茶艺六要素中最重要的要素之一。冲泡茶叶的流程不是一成不变的，实际冲泡过程中可根据实际情况调整与应变。一般冲泡茶叶的基本流程如下。

备器。根据客人的人数和冲泡的茶叶种类，选择大小、类型合适的茶具。

煮水。选择适合茶叶冲泡的水并根据冲泡茶叶的种类，将水烧沸后晾至不同的温度。

备茶。根据壶（杯）的大小，从茶叶罐中取出合适重量的茶叶至茶荷中备用。

赏茶。赏茶是为了让宾客欣赏所泡茶叶的外形、色泽，赏茶要借助于茶荷。泡茶者双手拿茶荷从左向右巡回一遍。

温壶（杯）。用沸腾的开水将茶壶、茶杯（盏）冲淋一遍，以提高壶、杯（盏）的温度，将干茶投入其中可以充分闻到干茶的香气，同时也是将已经清洁过的茶具再次烫洗一遍，消除吸附在茶具上的异味。

投茶。用茶匙将茶叶从茶荷拨入泡茶器中。

润茶、洗茶。润茶也叫温润泡，洗茶则是将第一次注入壶、杯（盏）中的水立刻倒掉。润茶、洗茶的目的是使茶叶吸水舒展，以迅速发挥出茶叶应有的色、香、味，接下来再冲泡时，茶叶中的水可溶物释出的速度会加快。有些时候，温润泡是可以省略的，对于那些可溶物释放速度很快的茶类，温润泡会令茶叶损失许多香气与滋味。

冲泡。根据茶叶品类，将温度适宜的开水注入壶、杯（盏）中，根据茶叶的不同静置10～60秒后，再将茶汤倒出。

奉茶。无论冲泡何种茶叶，以何种方式泡茶，都要将盛有香茗的茶杯（盏）双手奉到品茗人面前，以示敬意。

品茶。品茶时不能急着喝，需要先观看茶汤色泽，再闻茶香，最后品茶，品尝茶汤时需小口啜饮。

收具。品茶活动结束后，泡茶人应将茶渣倒出，将所有茶具清洗、擦拭干净，放回原处。

2）品茶与喝茶不同，喝茶是为了解渴，需要大口饮茶以达到迅速止渴的作用。品茶品的是心境，是追求精神上的满足，从观汤色、闻香气再到小口品啜茶汤的滋味，从不同的角度抒发自己的情感，从而达到心灵上的愉悦与满足。一观茶汤，二闻茶香，三品甘霖，继观察茶汤的颜色和嗅闻香气之后，就可以品尝茶汤的滋味了。一口为尝，二口为回，三口方为品，茶汤需要细细品啜，方能体会其曼妙滋味。

茶汤中对味觉起主导作用的物质是茶多酚、氨基酸、咖啡因、糖类等化合物。在不同条件下，这些物质的含量与组成比例的变化，会表现出各种不同的滋味。茶汤入口之后，舌面上的味蕾受到各种呈味物质的刺激而产生兴奋波，经由神经传导到中枢神经，经大脑综合分析后产生不同的滋味感。舌头上的味觉感受器是味细胞，每40～60个味细胞像花蕾一样组成一个味蕾。味蕾主要分布在舌乳头上，不同的舌乳头所含味蕾的数量不同，以舌尖、舌侧及舌体后部占大多数，而舌体中部较少，所以味觉也较迟钝。味蕾中有许多受体，不同部位味蕾的味受体是不同的，这些受体分别感受不同的味道，比如苦味受体只感受苦味。不同的刺激物有不同的敏感区，舌尖两侧对咸敏感，舌体两侧对酸敏感，舌根对苦敏感。所以，茶汤入口后，不要急于吞咽，要含在口中，使之在舌头各部位打转，让舌头每个部位充分与茶汤接触，以感受到茶中的甜、酸、鲜、苦、涩。

6.2　冲泡技巧

在不同品类茶叶的冲泡过程中，置茶量、水温及茶叶浸泡时间都是不一样的，这就是茶叶冲泡技巧中的三个基本要素。

6.2.1　泡茶三要素

（1）置茶量　不同品类茶叶，使用不同茶具冲泡，投茶量均是有差异的。根据惯用泡法，大致可以归纳为以下几种情况。

绿茶类、白茶类、红茶类和黄茶类投茶量为1∶50，也可根据品茗者的品饮喜好适量调整。乌龙茶的类别非常多，但还是可以按照外形大致分为条形乌龙和球形乌龙。冲泡乌龙茶，一般选用宜兴紫砂壶，根据品茶人数选用大小适宜的壶，投茶量视乌龙茶的品种和外形而定。外形松散的条形乌龙茶投茶量差不多占壶容积的八成为宜，条形紧结的球形乌龙茶投茶量占到壶容积的1/4~1/3。黑茶类以普洱茶熟茶散茶为例，一般选用盖碗冲泡，投茶量以1∶20为宜。若冲泡紧压茯砖，可以选用紫砂壶冲泡，茶叶投茶量占壶容积的三四成即可。花茶多用盖碗冲泡，视盖碗大小，每碗置花茶2~3克为宜。

（2）泡茶水温　泡茶水温的高低，与茶叶的品类和茶叶的老嫩有关。水温直接影响茶叶内含物质的浸出。如果水温过低，茶叶内含物难以浸出，香气物质难以挥发，茶汤寡淡；水温过高，幼嫩的茶叶会被"烫熟"，茶叶内含物质浸出过快，茶汤浓烈、苦涩。一般来说，细嫩的原料或碎茶，冲泡水温宜稍低；原料粗老，茶叶紧实的，冲泡水温宜高一些。

具体来说，大宗绿茶、红茶、花茶宜使用90~95℃的开水冲泡，名优绿茶选用80~85℃的开水冲泡，因名优绿茶原料较细嫩，这样泡出来的茶汤清澈透亮，香气馥郁，滋味鲜爽，叶底明亮。选用细嫩芽叶加工的君山银针、白毫银针与名优绿茶有诸多相似之处，其原料采用细嫩的芽茶加工而成，冲泡水温也与名优绿茶相似，宜选用80~85℃的开水冲泡。叶片比较成熟的乌龙茶推荐95℃的开水冲泡。原料比较粗老的黑茶及寿眉、黄大茶，宜用100℃沸水冲泡。

（3）浸泡时间　浸泡不是润茶，润茶是在冲泡之前。泡茶的时间需适中，时间短了茶汤寡淡，香气不足；时间长了，茶汤浓烈，滋味苦涩。这是因为当水冲入茶叶中时，首先浸出的是令味蕾感到鲜爽的氨基酸，以及带有刺激感的咖啡因，随着浸泡时间的加长，茶多酚、多糖类物质慢慢浸出，茶汤的滋味逐渐丰富。因此，把握好恰当的浸泡时间可以令茶汤可口，发挥极致。

一般用盖碗和壶冲泡黑茶、球形乌龙茶，第一次冲水后30~50秒即可出汤，随后几泡大约 15 秒出汤；而用盖碗冲泡绿茶、红茶、黄茶、白茶、花茶等，冲水后 5 秒左右出汤，随后几泡大约 10 秒出汤，细嫩芽茶时间可以再缩短。浸泡时间还可根据个人的口感控制，喜饮清淡的则缩短浸泡时间，喜饮浓醇口感的则加长浸泡时间。

6.2.2　注水手法

冲泡茶叶除了需要注意泡茶三要素外，冲泡茶叶的注水方式也很重要，不同的注水方式会影响茶叶中水可溶物的释出速度。熟练掌握注水手法，冲泡不同的茶叶选择正确的注水手法，是泡好一杯茶的关键。这里总结了四种注水手法。

（1）定点低斟　把碗口视为钟表，于 6 点处定点，沿碗口处轻注水，细流慢冲，注意开水不要冲到茶叶。茶的内质释放舒缓、协调，茶汤清而不浑，细腻润滑。如果冲泡块型茶，注水点应定点于块型茶上，使紧结的茶叶遇水舒展，呈现茶汤的饱满度。此种注水手法适合冲泡芽叶较嫩的绿茶、黄茶、普洱生茶、普洱熟茶，以及年份较短的白茶等，适合紧压型茶叶润茶。

（2）悬壶高冲　注水时提高壶的高度，使水流高冲，茶叶遇水上下翻滚，迅速舒展，茶叶在水的激荡下，充分浸润，从而快速释放茶味，增加茶汤的饱满度，利于色、香、味的发挥，但要避免直接击打茶叶。但悬壶高冲需要一定的技巧，如果掌握不好，沸水"砸"在茶叶上，导致水花四溅，不仅影响美观，还容易烫伤；其次，如用高注水的方式将开水直接"砸"到茶叶上，会使茶汤浓涩，汤感粗糙。此种注水手法通常用来冲泡高香型茶叶，如红茶（芽型）、乌龙茶等。

（3）定点旋冲　把碗口视为钟表，于 7 点 30 分处定点，使出水口与杯壁成 45 度角注水，借力发力，让水呈涡流般旋转，用水流带动条索形茶叶有秩序地漂动和均匀地释放内质，让角度与力度完美结合，呈现汤感的协调性、层次感、饱满度。此种注水手法适合冲泡条索形的乌龙茶、叶型红茶等。

（4）覆盖式　以"N"字形水流覆盖式注水，使茶叶不漂浮在水面，全部得以浸润，以实现茶汤的协调感和饱满度。此种注水手法适合温润叶形较大且轻的茶叶，还有紧实的块型茶等。

6.2.3　不同茶类的冲泡方法

我国茶叶种类繁多，详细列举具体茶叶冲泡方法如下。

（1）绿茶的冲泡方法　绿茶芽叶细嫩，适合选用玻璃杯茶具冲泡，透过玻璃杯可以近距离欣赏到细嫩的芽叶在水中轻舞，是道很美的风景。

上投法冲泡洞庭碧螺春。冲泡碧螺春宜采用上投法，因为碧螺春芽叶细嫩，满披茸毛，泡茶水温不能高，也不宜用水直接砸在茶叶上。其冲泡流程如下：备器→赏茶→温杯→

注水→投茶→奉茶→品饮→收具。品茶结束后，将所有茶具清洗干净，放回原处。

中投法冲泡西湖龙井。特级西湖龙井茶扁平光滑挺直，色泽嫩绿光润，香气鲜嫩清高，滋味鲜爽甘醇，叶底细嫩呈朵，素以"色绿、香郁、味甘、形美"四绝著称。龙井的泡法没有一定的方式，不过享受龙井茶时不仅只是品味其茶汤之美，更可欣赏龙井茶叶旗枪沉浮变化之美，故在此选用中投法冲泡西湖龙井：备器→赏茶→温杯→注水→投茶→摇香→注水→奉茶→品饮→收具。品茶结束后，将所有茶具清洗干净，放回原处。

下投法冲泡永川秀芽。永川秀芽是针形名茶，产于重庆市永川区。永川秀芽条索紧直细秀，翠绿鲜润；汤清碧绿，香气鲜嫩浓郁，滋味鲜醇回甘，叶底嫩绿明亮。采用下投法冲泡永川秀芽：备器→赏茶→温杯→投茶→注水→品饮→收具。品茶结束后，将所有茶具清洗干净，放回原处。

冲泡绿茶一般用 150 毫升的玻璃杯，杯口宜大，方便散热。投茶量因人而定，口味淡的 2 克茶叶即可。

（2）红茶的冲泡方法 红茶可选用玻璃杯、盖碗、壶冲泡。

1）盖碗冲泡祁门红茶⊖。冲泡祁门红茶以白瓷茶具为佳，水温 90℃ 左右。冲泡祁红流程如下。

备器。瓷质茶壶、公道杯、品茗杯、茶巾、茶道六君子、水盂、茶荷、杯托、茶盘。

赏茶。取适量祁红置于茶荷，欣赏其外形色泽。

温具。向白瓷壶中注入适量沸水，右手提壶，右手食指摁住壶盖，左手手掌托住壶底，利用手腕力量摇动壶身，使其内部充分预热，再将温壶的水直接倒入公道杯，再从公道杯依次倒入品茗杯中进行温杯。

投茶。用茶匙将事先备好的祁红从茶荷拨入瓷壶中。

润茶。注入沸水没过茶叶即可，右手提壶，右手食指摁住壶盖，左手手掌托住壶底，利用手腕力量摇动壶身，使茶叶与水充分浸润。

注水。以悬壶高冲的注水手法向瓷壶中注满沸水，悬壶高冲可以让茶叶在水的激荡下，充分浸润，以利于色、香、味的充分发挥。

弃水。将品茗杯的水直接弃入水盂中。

出汤。将瓷壶内茶汤倒入公道杯。

分茶。将公道杯中茶汤依次斟入品茗杯中。

奉茶。双手举起杯托将茶送到客人面前。

品饮。邀请客人一同品饮香茗。

收具。品茶结束后，将所有茶具清洗干净，放回原处。

⊖ 扫封底二维码看视频。

2）冲泡正山小种。正山小种茶叶用松木熏制而成，有着浓烈、独特的松烟香。因为熏制的原因，干茶色泽乌润，茶汤橙黄明亮，香气纯正，似桂圆干香。冲泡正山小种可选择盖碗。

3）红碎茶调饮。红碎茶比较细碎，所以冲泡时茶汁浸出快，内含物浸出量也较大，适宜于一次性冲泡后用作调饮。冲泡调饮红碎茶的茶具可选用玻璃杯或玻璃壶。冲泡水温在95℃左右。

（3）黄茶的冲泡方法　黄茶属轻发酵茶类，加工工艺近似绿茶。黄茶适合用玻璃杯、瓷器茶具冲泡。

君山银针茶芽头苗壮，长短大小均匀，茶芽肥嫩，茶体金黄，银毫显露，茶芽外形很像一根根银针，雅称"金镶玉"，因其具有观赏性，因此冲泡技术和程序十分关键。玻璃杯冲泡君山银针流程如下[一]。

备器。容量为150毫升的玻璃杯一只（用玻璃片做盖）、茶巾、随手泡、茶道六君子、水盂、茶荷、茶盘。

赏茶。取3克君山银针干茶置于茶荷，欣赏其外形色泽。

温杯。向玻璃杯中注入沸水至杯身1/3处，左手四指托住杯底，右手握住杯身，旋转两小圈，再将温杯的水弃入水盂，再用茶巾将玻璃杯内壁擦拭干净。

投茶。用茶匙将茶叶从茶荷拨入玻璃杯中。

注水。向玻璃杯中注入85℃左右开水至玻璃杯七分满，然后迅速盖上玻璃杯盖。

品饮。2~3分钟后即可品饮。

收具。品茶结束后，将所有茶具清洗干净，放回原处。

（4）白茶的冲泡方法　白茶属于微发酵茶，采摘后不经杀青或揉捻，只经过晒或文火干燥后加工的茶，具有外形芽毫完整，毫香清鲜，汤色黄绿清澈，滋味清淡回甘的品质特点。宜用玻璃茶具，水温90~95℃，冲泡时间1~2分钟。

1）玻璃杯冲泡白毫银针。白毫银针成品茶形状似针，白毫密被，色白如银，因此命名为白毫银针。以玻璃杯冲泡白毫银针流程如下。

备器。容量为150毫升的玻璃杯一只、茶巾、随手泡、茶道六君子、水盂、茶荷、茶盘。

赏茶。取3克白毫银针干茶置于茶荷，欣赏其外形色泽。

温杯。向玻璃杯中注入沸水至杯身1/3处，左手四指托住杯底，右手握住杯身，旋转两小圈，再将温杯用水弃入水盂。

投茶。用茶匙将茶叶从茶荷拨入玻璃杯中。

⊖　扫封底二维码看视频。

注水。向玻璃杯中注入 90℃左右开水至玻璃杯七分满。

品饮。1~2分钟后即可品饮。

收具。品茶结束后，将所有茶具清洗干净，放回原处。

2）盖碗冲泡白牡丹[⊖]。白牡丹，以绿叶夹银白色毫心，形似花朵，冲泡后绿叶托着嫩芽，宛若牡丹花蓓蕾初放，故取名白牡丹。用盖碗冲泡白牡丹流程如下。

备器。盖碗、公道杯、品茗杯、茶巾、随手泡、茶道六君子、水盂、杯托、茶荷、茶盘。

赏茶。取适量白牡丹干茶置于茶荷，欣赏其外形色泽。

温具。向盖碗中注入沸水，利用双手手腕力量沿逆时针方向旋转盖碗，使碗身内壁清洁的同时也充分预热，然后将温碗用水倒入公道杯内，再将公道杯内温杯的开水倒入品茗杯中温杯。

投茶。用茶匙将茶叶从茶荷拨入盖碗中。

注水。将 95℃左右的开水注入盖碗，水量要至碗沿。

弃水。用茶夹依次将品茗杯中温杯用水弃入水盂。

出汤。将盖碗中茶汤倒入公道杯。

分茶。将公道杯内茶汤从左至右依次低斟入品茗杯中。

奉茶。双手举起杯托将茶送到客人面前。

品饮。邀请客人一同品饮香茗。

收具。品茶结束后，将所有茶具清洗干净，放回原处。

（5）乌龙茶的冲泡方法 乌龙茶，亦称青茶，属于半发酵茶，品种较多，主要产于福建、广东及台湾等地。乌龙茶的外形紧结重实，适合用紫砂壶、瓷器等茶具冲泡，冲泡乌龙茶时，还常常用到闻香杯嗅闻茶香。冲泡水温在 95~100℃，投茶量 8~10 克，时间 10 秒以内。

1）潮汕工夫茶艺冲泡凤凰单丛[⊜]。潮州工夫茶烹法有所谓"十法"，即活火、虾须水、拣茶、装茶、烫盅、热罐、高冲、盖沫、淋顶与低筛。也有人把烹制工夫茶的具体流程概括为"高冲低洒，盖沫重眉，关公巡城，韩信点名"或称"八步法"。用潮汕工夫茶艺冲泡凤凰单丛的流程如下。

治器。将砂铫用清水洗净后注入泉水，置于电炉上煮开。提起刚烧开的沸水，淋在壶具和茶杯上，提高茶具温度，后将砂铫放回电炉上。

纳茶。将备好的凤凰单丛茶叶从茶荷投入茶壶中，投茶量为茶壶的 1/3 即可。不可把茶条折断或压碎，粗茶和细茶要分开，最粗的茶叶放在壶底和壶嘴处，再将细末放在中层，最

⊖ 扫封底二维码看视频。

⊜ 扫封底二维码看视频。

上面放细茶。

温茶。也叫"洗茶"，提起砂铫，环壶高冲水，提高砂铫高度将沸水环壶口沿壶壁边缘冲入，切忌直冲壶中心，冲水也不可断断续续。注入沸水后，立即倒出茶汤至茶杯中。

滚杯。滚杯是潮汕工夫茶艺中最能显示工夫茶艺美感的动作。将一只杯侧置于另一只注满热水的茶杯里，中指钩住杯脚，拇指和食指拿住杯口，并不断向上推拨，使茶杯环状滚动来烫杯。若双手同时操作，似两只飞轮齐齐滚动，并发出清脆的撞击声，悦耳动听。

冲泡。冲泡凤凰单丛茶讲究"快"，出汤要快，入盏也要快。洗茶之后，打开壶盖，提高砂铫，环壶高冲水至装满整个茶壶。

刮沫。用壶盖平刮壶口，使茶沫散坠，然后再盖上壶盖，用沸水浇淋茶壶。

分茶。此过程又称为"关公巡城"和"韩信点名"。分茶时，要注意低洒，茶壶要贴近杯面，均匀地循序巡斟，好似关公骑马在城上来回驰骋，均匀分配茶汤，公平合理。分茶时要做到余汁滴尽，回环往复，保证点滴都要入杯，使这三杯茶汤容量相等，色泽相同，浓淡如一。

献茶。茶汤斟完之后，将冲泡好的茶汤敬奉给客人，请客人趁热品尝。用右手的拇指和食指端着茶杯的边沿，中指护着杯底，叫"三龙护鼎"，无名指和小指要收紧向内，不能指向别人，以表示对他人的尊重。潮汕工夫茶重在一个"品"字，品分三口，先闻其香韵，后啜吸茶汤，品其味，回其甘，分三次饮完这杯茶。

2）福建工夫茶艺冲泡铁观音[一]。福建工夫茶的基本用具有茶炉、紫砂壶或盖碗、白瓷茶杯和茶洗盘。而现代福建工夫茶中常用到公道杯与闻香杯。以碗盅双杯冲泡清香型铁观音的流程如下。

备器。150毫升盖碗、公道杯、闻香杯、品茗杯、茶巾、随手泡、茶道六君子、水盂、杯托、茶荷、茶盘。

赏茶。取7~8克铁观音干茶置于茶荷，欣赏其外形色泽。

温具。向盖碗内注入适量沸水，利用双手手腕力量沿逆时针方向旋转盖碗，使碗身内壁清洁的同时也充分预热，后将温碗用水直接弃入水盂中。

投茶。用茶匙将铁观音从茶荷拨入盖碗中。

洗茶。注水入盖碗，没过茶叶即可，即刻出汤倒入公道杯中。

注水。将100℃沸水注入盖碗，水量要至碗沿。

温盅。用洗茶的茶汤温洗公道杯。

温杯。将公道杯内的水低斟入闻香杯中，再用茶夹夹住闻香杯，将闻香杯中的水倒入对

应的品茗杯中。

弃水。用茶夹夹住品茗杯，将温杯的水弃入水盂中。在弃水时一般会有水滴留在杯底，这时可用茶巾稍加擦拭杯底。

出汤。温洗好所有器具后，即可将盖碗中的茶汤倒入公道杯内。

斟茶。将公道杯内茶汤分斟入闻香杯中。

倒扣。将品茗杯倒扣到闻香杯上。

举杯。双手拇指按住品茗杯底部，食指和中指夹住闻香杯。

翻转。利用手腕力量翻转闻香杯和品茗杯。

奉茶。双手举起杯托将茶送到客人面前。

旋转。左手拿捏住品茗杯身，右手拇指和食指轻轻旋转闻香杯，使闻香杯中余下的茶汤都流入品茗杯中。

闻香。双手掌心搓揉闻香杯闻香。

品饮。将品茗杯靠近脸部，先观汤色，再小口品啜滋味。

收具。品茶结束后，将所有茶具清洗干净，放回原处。

（6）黑茶的冲泡方法　黑茶属于后发酵茶，其鲜叶是六大茶类中最粗老的。黑茶适合用紫砂、瓷质茶具等冲泡。冲泡水温100℃，投茶量8~10克，时间10秒左右。

1）碗盅冲泡普洱熟茶[一]。特级普洱熟茶散茶外形条索紧细显毫，匀整洁净，色泽褐润；内质香气陈香浓郁，汤色红艳，滋味浓醇，叶底红褐娇嫩。冲泡普洱熟茶散茶可选用盖碗。

备器。150毫升盖碗、公道杯、品茗杯、茶巾、随手泡、茶道六君子、水盂、杯托、茶荷、茶盘。

赏茶。取7克普洱熟茶干茶置于茶荷，欣赏其外形色泽。

温具。向盖碗中注入沸水，利用双手手腕力量沿逆时针方向旋转盖碗，使碗身内壁清洁的同时也充分预热，再将温碗用水倒入公道杯内。

投茶。用茶匙将茶叶从茶荷拨入盖碗中。

润茶。沿盖碗内壁注入开水，后即刻将茶汤弃入水盂。

注水。将100℃左右开水注入盖碗，注水时水量要至碗沿处。

温杯。将公道杯内温杯的开水倒入品茗杯中温杯，用茶夹依次将品茗杯中温杯用水弃入水盂。

出汤。温杯后将盖碗中茶汤倒入公道杯。

分茶。将公道杯内茶汤从左至右依次低斟入品茗杯中。

奉茶。双手举起杯托将茶送到客人面前。

㊀　扫封底二维码看视频。

品饮。邀请客人一同品饮香茗。

收具。品茶结束后，将所有茶具清洗干净，放回原处。

2）壶盅冲泡安化黑茶。安化黑茶，是湖南省益阳市安化县特产，因安化黑茶在制作过程中有紧压工序，冲泡水温宜在100℃左右，宜选用透气性强且保温性良好的紫砂壶冲泡。

备器。紫砂壶、公道杯、品茗杯、茶巾、茶道六君子、水盂、随手泡、杯托、茶荷、茶盘。

赏茶。取适量茯砖茶置于茶荷，欣赏其外形色泽。

温具。向紫砂壶中注入适量沸水，右手提壶，右手食指摁住壶盖，左手手掌托住壶底，利用手腕力量摇动壶身，使其内部充分预热，再将温壶的水直接倒入公道杯，后从公道杯依次倒入品茗杯中进行温杯。

投茶。用茶匙将事先备好的茯砖茶从茶荷拨入紫砂壶中。

润茶。注入沸水没过茶叶即可，后即刻弃入水盂。

注水。再次向紫砂壶中注满沸水。

弃水。将温杯的水直接弃入水盂中。

出汤。将紫砂壶内茶汤倒入公道杯。

分茶。将公道杯中茶汤依次斟入品茗杯中。

奉茶。双手举起杯托将茶送到客人面前。

品饮。邀请客人一同品饮香茗。

收具。品茶结束后，将所有茶具清洗干净，放回原处。

（7）再加工茶的冲泡方法　花茶是北方最为盛行的茶品，外形各异，冲泡器具各有差别，以显发香气和显示茶坯的特质美为原则。以冲泡茉莉花茶[⊖]为例，将茶叶和茉莉鲜花进行拼合、窨制，使茶叶吸收花香而成，茶香与茉莉花香交互融合。茉莉花茶使用的茶叶茶坯，多数为绿茶，也有少数红茶和乌龙茶。冲泡茉莉花茶，一般选用有青花或福寿图案的盖碗冲泡。

备器。三个盖碗、茶巾、茶道六君子、水盂、随手泡、茶荷、茶盘。

赏茶。取适量茉莉花茶置于茶荷，欣赏其外形色泽。

温具。向盖碗中注入适量沸水，提升盖碗温度的同时再次清洁器具，后将温碗用水直接弃入水盂。

投茶。用茶匙将事先备好的茉莉花茶从茶荷拨入盖碗中，投茶量注意要均匀。

润茶。在盖碗中注入少量沸水，温润茶叶，使其慢慢泡开，经过温润泡的茶，香味更浓，滋味更醇厚。

⊖　扫封底二维码看视频。

注水。开碗盖，再次将 90℃ 左右的沸水注入盖碗中，注水时悬壶高冲，让茶叶在盖碗中上下翻腾，茶汁被充分浸泡出来。

奉茶。将盖碗盖好，双手敬奉给客人品饮。

品茶。左手端起盖碗，右手掀开碗盖，这时会闻到茉莉花茶浓郁的香气，鲜灵持久。用碗盖轻轻拂开茶叶，小口品啜茶汤。

收具。品茶结束后，将所有茶具清洗干净，放回原处。

6.3　茶点选配

6.3.1　茶点起源

茶点，就是在茶的品饮过程中发展起来的一类点心。茶点精细美观，口味多样，形小、量少，是佐茶食品的主体。饮茶人如空腹喝茶或持续饮茶时间过长而不控制饮茶量，就容易产生头晕、恶心、胸闷等现象，我们称之为"醉茶"。因为茶叶中含有咖啡因、茶碱等成分，如果空腹喝茶，这些成分就会通过血液循环，使脑部的中枢神经系统兴奋，体质较弱者比较容易产生头晕现象。而搭配一些点心后，就不容易出现这种现象，因为食物里的糖分会溶解茶叶里多余的茶碱和茶多酚。因此品茶是要茶点相配的，正如红花与绿叶相得益彰。一壶上等的茶品，些许佐茶的点心，再加上完全放松的心情，才能品出好茶的韵味。

在唐代以前，茶饮常与饮宴活动联系在一起，因此筵席上的食物都可以算是广义的茶食。早期的茶食可分为茶菜与茶果两类。"茶果"的"果"就是水果了。茶果的发展较快，在唐代以前就已经形成了气候。东晋的陆纳在一次招待谢安家宴上也是"所设唯茶果而已"。从后来的资料看，晋代用来佐茶的果应是各种果品，陆羽《茶经》中引用晋代弘君举的《食檄》："寒温既毕，应下霜华之茗。三爵而终，应下诸蔗、木瓜、元李、杨梅、五味、橄榄、悬豹、葵羹各一杯。"如果"三爵而终"是指喝了三碗茶，这些果品就是佐茶的；如果"三爵而终"说的是饮酒，这些果品就是用来消食的了。无论如何，《茶经》中的这条资料都可以证明茶果的身份了。因为直接用果品来佐茶，在制作上没有特殊的要求，使得茶果成为最早定形的佐茶食物。

茶菜的发展就缓慢得多了，但也可以发现一些苗头。晋代以后茶菜的内容开始发生了变化，唐代的储光羲曾在《吃茗粥作》中说："淹留膳茶粥，共我饭蕨薇。"诗中的蕨菜与薇菜应可以看作是茶菜。

除了茶菜与茶果，还出现了茶点的萌芽。《世说新语》中有一则故事："褚太傅初渡江，尝入东，至金昌亭，吴中豪右燕集亭中。褚公虽素有重名，于时造次不相识别，敕左右多与茗汁，少著粽，汁尽辄益，使终不得食。褚公饮讫，徐举手共语云："褚季野。"于是四坐惊散，无不狼狈。"在这里佐茶的是粽子，用粽子一类的食物佐茶是南方的风俗。五代时，毛文锡在《茶谱》中记载："长沙之石楠，其树如楠柚，采其芽谓之茶，湘人以四月摘杨桐草，捣其汁拌米而蒸，犹蒸糜之类，必啜此茶，乃其风也，尤宜暑月饮之。"湘人取杨桐草汁拌米蒸糜，与当时南方人吃的青粳饭相似，时间上与吃粽子的端午节也很接近。我国自汉代以后，面食发展迅速，南朝齐的武帝曾下诏在他死后不准用牲为祭，"唯设饼、茶饮、干饭、酒脯而已"。可见在日常饮食中，饼与茶饮应该是经常一起食用的，也可以看作是早期的茶点。

6.3.2　茶点种类

茶点取材广泛、口味迥异，从材质上大致可分为：鲜果类、干果类、糖果类、西点类、中式点心类五大类。茶点的发展跟茶叶一样，都富有时代的特征。制茶工艺发展到今日，茶叶已经成为许多特色茶点食品的重要原料。例如绿茶瓜子，是选用上等的南瓜子加绿茶粉精心制作而成的，肉厚，香脆可口，可以剥开取肉吃，也可整粒含在嘴里。因为加有绿茶粉，含有多种茶元素，不上火，是健康的茶食品。再如抹茶味奶糖，是选用高级蒸青绿茶同高钙、低脂奶粉精制而成的，口感细腻不粘牙，是高钙、低脂、低热量的绿色茶食品。这些创新食品给风云变幻的茶点市场注入了很多时尚元素。

（1）鲜果类茶点　在饮茶时经常吃的水果一般有：哈密瓜、黄金瓜、罗纹瓜、荔枝、砂糖橘、金橘、龙眼、杨梅、苹果、梨子、桃子、菠萝、杏、提子等。在选择鲜果类茶点时一般会根据水果上市的季节来选用。

（2）干果类茶点　干果类茶点品种多样，口味丰富，有咸的、甜的、酸甜的、咸辣的等。比较常见的有：瓜子、花生、栗子、榛子、开心果、松子、梅子、枣、山楂、橄榄、杏仁、青豆等。值得注意的是，干果类点心需要密封保存，尤其是在阴雨潮湿的南方，梅雨季节时空气湿度较大，这些干点尤其容易吸潮变软，甚至长霉变质。最常用的甜味干果类茶点一般以蜜饯类为主，如山楂片、葡萄干、盐津枣、加应子、话梅、橄榄等。

（3）糖果类茶点　常见的糖果类茶点有芝麻糖、花生糖、奶糖、酥糖等。在选择糖果类茶点时应注意，不宜选用太甜的糖果以至于在品茶时影响茶汤在口中的滋味，而且太甜太粘牙的糖果也会对牙齿造成损害，因此宜选用更健康自然的糖果，如比较天然的以奶粉为原料加工制作的无糖奶制品，口感自然，不会因为甜味过重而影响茶汤滋味，也不会因为长期食用而影响口腔健康。

（4）西点类茶点　受西餐文化的影响，烘焙类茶点品种较多，常见的有饼干、蛋糕等。例如广东茶点主要有乳香鸡仔饼、松化甘露酥、酥皮菠萝包、岭南鸡蛋挞等，还有其他各式蛋挞、酥皮挞、西米挞及各种岭南风味的酥角等，都是烘焙类茶点的上乘精品。

（5）中式点心类茶点　我国茶点种类繁多，口味多样。就地方风味而言，就有黄河流域的京鲁风味、西北风味，长江流域的苏扬风味，川湘风味，珠江流域的粤闽风味等。此外，还有东北、云贵、鄂豫及各民族风味点心。茶点的选择空间很大，常见的中式点心类茶点有春卷、锅贴、饺子、烧卖、馒头、汤团、月饼、南瓜饼、发糕、桃酥、鲜花饼、沙琪玛、云片糕、绿豆糕、桂花糕、茶叶蛋、小鱼干等。小鱼干脂肪含量低，营养较丰富，含有丰富的蛋白质、B族维生素、胶原蛋白等营养物质，受到越来越多的茶楼追捧。

6.3.3　根据茶叶品类搭配茶点

在饮茶时，应如何选择搭配茶点呢？除了个人口感喜好，还可根据不同的茶叶品类进行搭配。关于茶食搭配，民间有一口诀："甜配绿、酸配红、瓜子配乌龙。"所谓"甜配绿"，即甜食搭配绿茶来喝，如用各式甜糕、凤梨酥等配绿茶；"酸配红"，即酸的食品搭配红茶来喝，如用水果、柠檬片、蜜饯等配红茶；"瓜子配乌龙"，即咸的食物搭配乌龙茶来喝，如用瓜子、花生米、橄榄等配乌龙茶。以下根据六大茶类列举茶点的搭配方法。

（1）绿茶　绿茶是未发酵茶，汤清绿叶，滋味鲜活，受到广大茶友的喜爱。因绿茶最大限度地保留了鲜叶中的茶多酚、咖啡因等物质，刺激性较大，容易伤胃也容易致饿，有时口感还会稍有苦涩，可以搭配一些偏甜的茶点，如凤梨酥、芝士蛋糕、月饼、曲奇饼干、糖果等。

（2）黄茶　黄茶属于轻发酵茶，制造工艺近似绿茶，富含丰富的咖啡因、茶多酚等成分，也会刺激胃，因而品饮黄茶要注意及时进食茶点。同绿茶相似，品饮黄茶也可以搭配甜的点心，各种蛋糕、月饼、饼干、蛋挞、萨其马、绿豆糕等都是不错的选择。

（3）白茶　白茶属于微发酵茶，其加工方式不炒不揉，香气和滋味都比较含蓄，与之相配的茶点不宜味道太浓重，可配点原味小鱼干、奶粉类糖果制品等。

（4）乌龙茶　乌龙茶是半发酵茶，口感介于绿茶和红茶之间。乌龙茶的特点在于其香气，高香飘远、韵味悠长，茶汤过喉徐徐生津。其搭配的茶点，味道可以稍微平淡一些，能保留茶的香气，不破坏原有的滋味，避免"喧宾夺主"。因此，乌龙茶搭配干果或味道清淡的糕点是不错的选择，如花生、瓜子、腰果、开心果等。

（5）红茶　红茶滋味醇厚浓郁，配上一些酸甜的点心如蜜饯、果脯等，相得益彰。

（6）黑茶　黑茶的味道能很好地包容甜度高和偏油的点心，使它们在入口后不那么腻，对于两者来说都是一个味觉的提升。而且，黑茶具有很好的消脂解腻的作用，因此可以选择易饱腹的小食，如含油的酥饼、春卷、各类肉脯等，都是不错的搭配。

总而言之，茶点种类繁多，因品饮的茶种类和个人喜好不同可选择不同的茶点搭配。但应注意的是，茶点是佐茶之用，只是防止空腹饮茶刺激胃，因此茶点的选择不宜过于油腻、辛辣、怪味或味道过重，以免影响味觉而喧宾夺主，在食用时也是宜少不宜多，适可而止便好。一壶上等的茶，些许佐茶的点心，再加上放松的心情，在午后醒来，味蕾得以尝鲜，饥饿得到缓解，让品茶成了一件更有乐趣的事。

复习思考题

1. 从古人的"三不点"来理解茶艺的意境。
2. 简述品饮冲泡的基本流程与泡茶的三要素。
3. 简述乌龙茶的冲泡流程。
4. 简述茶艺中冲泡茶叶的注水手法。
5. 简述茶点茶菜的发展源流。
6. 简述不同的茶类如何搭配茶点。

项目 7

茶与健康及科学饮茶

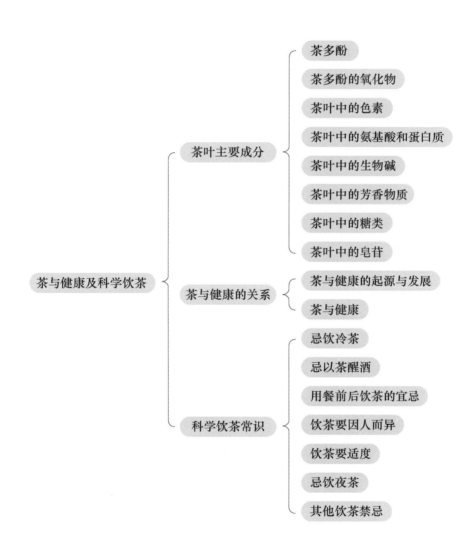

茶与健康及科学饮茶

- 茶叶主要成分
  - 茶多酚
  - 茶多酚的氧化物
  - 茶叶中的色素
  - 茶叶中的氨基酸和蛋白质
  - 茶叶中的生物碱
  - 茶叶中的芳香物质
  - 茶叶中的糖类
  - 茶叶中的皂苷
- 茶与健康的关系
  - 茶与健康的起源与发展
  - 茶与健康
- 科学饮茶常识
  - 忌饮冷茶
  - 忌以茶醒酒
  - 用餐前后饮茶的宜忌
  - 饮茶要因人而异
  - 饮茶要适度
  - 忌饮夜茶
  - 其他饮茶禁忌

7.1 茶叶主要成分

对于茶叶化学成分的研究，可以追溯到 1827 年，英国化学家 Oudry K 从茶叶中发现咖啡因。1847 年，德国化学家 Rochelder F 和 Hlasiwetz H 发现茶叶中含有带没食子酸的单宁。这些都是构成茶叶滋味的基本成分，也是茶叶中的重要功效成分。20 世纪初，研究人员从茶叶中分离出香气成分：1916 年，Deuss 从茶叶中分离出水杨酸甲酯；1920 年，荷兰化学家 Romburgh PV 分离出 β，γ-己烯醇。此后，研究人员陆续从茶叶中分离出维生素、茶氨酸等多种成分。我国自 20 世纪 80 年代以来，茶叶生物化学研究也取得了很大进展，气相色谱与质谱的应用促进了茶叶香气的研究，并进而了解到茶叶香型的特点及与茶树品种、物候条件之间的联系。这些科研与实践推动了我国茶叶品质学、加工、理化检测的发展。目前，茶树鲜叶中经分离、鉴定的已知化合物有 700 多种，其中包括茶树的初级代谢产物——蛋白质、糖类、脂肪，也包括二级代谢产物——多酚类、色素、茶氨酸等（见表 7-1）。

表 7-1　茶叶中的化学成分

鲜叶水分 75%～78%			
鲜叶中的干物质 22%～25%	以鲜叶中的干物质重量作为 100%，其中有机化合物占 93.0%～96.5%	蛋白质 20%～30%	谷蛋白、白蛋白、球蛋白等
		氨基酸 1%～4%	已发现 26 种，主要是茶氨酸等
		生物碱 3%～5%	主要是咖啡因、茶叶碱、可可碱
		酶，含量极少	氧化还原酶、水解酶、磷酸酶、裂解酶等
		茶多酚 18%～36%	主要是儿茶素，占总量的 70% 以上
		糖类 20%～25%	主要是纤维素、果胶、淀粉、葡萄糖、果糖
		有机酸 3% 左右	主要是苹果酸、柠檬酸、草酸、脂肪酸
		类脂 8% 左右	主要是脂肪、磷脂、甘油酯等
		色素 1% 左右	叶绿素、胡萝卜素类、叶黄素类等
		芳香物质 0.005%～0.03%	醇类、醛类、酸类、酮类、酯类、内酯类
		维生素 0.6%～1%	水溶性：维生素 C、B 族维生素等；脂溶性：维生素 A、维生素 D、维生素 E、维生素 K 等
	无机化合物（灰分）3.5%～7%	水溶性部分 2%～4%	磷、钾等
		水不溶性部分 1.5%～3%	钙、镁等

7.1.1　茶多酚

茶叶活性物质的研究和利用是当前茶叶生物化学最活跃的领域之一，首要重点是茶多酚，我国在这方面的研究已经进入了世界先进行列。此外，我国还开展了大量茶与人体健康的研究，包括传统中医学关于茶的功效的研究。而饮茶有利于健康，也得到了 FAO（联合国粮食及农业组织）、WHO（世界卫生组织）的认可，茶叶在药用和保健食品方面具有广阔的研究、利用前景。

Seguin 于 1796 年首次提出鞣质一词，指槲树皮内能使生皮成为革（使皮蛋白质产生不可逆的沉淀反应）的成分，鞣质一词英文为 Tannins，其中文音译为单宁，中文意译为鞣质。鞣质可分为水解鞣质、缩合鞣质、复合鞣质。通常说的能够鞣制皮革的鞣质，指的是水解鞣质，有一定的致癌作用。目前研究表明，茶叶并不含这种有害的水解鞣质，含的是缩合鞣质，具有一定的防癌抗肿瘤作用。1981 年以来，Haslam 将"植物鞣质"改称为"植物多酚"。

茶树新梢和植株各器官中（主要集中于嫩叶和芽）都含有多种不同的酚类及其衍生物，这类物质原来称作茶单宁或茶鞣质，现在简称为茶多酚。茶多酚是茶树主要的次级代谢产物，茶多酚占鲜叶干物质重量的 18%~36%，对茶叶品质影响最显著，更是茶的重要功能成分，是茶叶生物化学研究最广泛、最深入的一类物质。

目前，茶树鲜叶中已发现的多酚类化合物超过 30 种（见表 7-2），其中最重要的是以儿茶素为主体的黄烷醇类，占据茶叶干重的 12%~24%。儿茶素为白色固体，易溶于热水。在红茶加工中，儿茶素在多酚类氧化酶的作用下，可以转化为茶黄素，并进一步转化为茶红素。在光照、高温、碱性或氧化酶的作用下，儿茶素也易氧化、聚合、缩合，在空气中变为黄棕色的物质。例如，绿茶如果没有避光、避高温保存，颜色就会变成黄棕色。

黄酮类化合物又称花黄素，一般在高山或热带植物的表皮细胞中含量较高，对处于强烈紫外线环境中的植物可能有保护内部组织的作用。黄酮极易形成黄酮醇，而茶叶中的黄酮醇大部分又会与糖结合形成黄酮苷。黄酮、黄酮醇一般难溶于水，而黄酮苷在水中的溶解度较大，呈现黄绿色，被认为是形成绿茶汤色的主要成分。但该类物质容易发生氧化，所以绿茶茶汤放置在空气中，汤色容易快速劣变。另外，有研究表明，黄酮醇类与茶汤涩味的收敛性呈正相关。

鲜叶中的花白素在酸性条件下可部分转化为花青素，花青素又称花色素，种类很多，其颜色随酸碱度（pH 值）变化而变化，酸性条件下呈红色，中性时呈紫色，碱性时呈蓝色。茶叶细胞液呈弱酸性，因此当茶树鲜叶中的花青素含量高时，芽叶呈现紫红色，例如茶树中紫芽种及夏季的鲜叶。当花青素含量高时，不适合制绿茶，否则制成的绿茶干茶色泽乌暗、茶汤味苦、叶底呈靛蓝色。

茶叶中的酚酸和缩酚酸类化合物，多为没食子酸、咖啡酸、鸡纳酸的缩合衍生物，总量占茶叶干重的 1%~2%，易溶于水。

在不同的加工条件下，茶多酚可以发生氧化、聚合、降解、异构等多种变化，不仅影响干茶的滋味，也影响干茶的颜色。茶多酚的结构上含有较多的羟基，所以易溶于水。在喝茶的时候，多酚类的游离羟基与口腔黏膜上皮层组织的蛋白质结合，并凝固成不透水层，这使人感到涩味。如果羟基较少，这层不透水的薄膜会逐渐离解，形成先涩而后回甘的味觉。如果泡茶较浓，游离羟基较多，形成的透水膜较厚，就会觉得涩味很重。

简单儿茶素收敛性较弱，味道爽口不苦涩；复杂儿茶素收敛性较强，含量高时有苦涩味。单纯的茶多酚味道苦涩，单纯的氨基酸只有鲜味，但是两者结合起来就具有鲜爽的茶味。因此，茶多酚与氨基酸的比例，要比二者的绝对含量更能反映出绿茶滋味的好坏。茶树栽培中，夏季日照增强、气温升高，茶树碳代谢加强，茶多酚含量增加，氨基酸含量下降。这样的变化使得鲜叶苦涩味增强，不适合加工绿茶。如果要加工绿茶，茶园往往使用农用黑色遮阳网对茶树进行遮阴，在采摘前 15 天左右时进行。适当遮阴，可以改变茶树生长的温湿度条件，使得氨基酸含量增加，茶多酚减少，叶绿素含量增加，朝着有利于制作绿茶的方向变化。一般加工蒸青绿茶、抹茶的鲜叶都要经过遮阴。

表 7-2　茶叶中的多酚类化合物

茶多酚	类黄酮物质	儿茶素类 （黄烷醇类）	简单儿茶素 （游离儿茶素）	表儿茶素
				表没食子儿茶素
			酯型儿茶素 （复杂儿茶素）	表儿茶素没食子酸酯
				表没食子儿茶素没食子酸酯
		黄酮类、黄酮醇类		
		花白素类、花青素类		
	酚酸和缩酚酸类			

7.1.2　茶多酚的氧化物

茶多酚中的儿茶素本身无色，但其提取物往往呈现浅棕黄色或棕红色，这是因为儿茶素极易被氧化生成茶黄素、茶红素、茶褐素。在茶叶加工过程中，多酚类物质可以氧化形成茶黄素、茶红素等色素，例如红茶因此具有红汤红叶的品质特征。

茶黄素类是多酚类物质氧化形成的一系列化合物的总称，由 9 种不同结构的化合物组成。茶黄素类在红茶中占干物质重量的 1%~5%，是红茶的主要品质成分。茶黄素类是红茶汤色"亮"的主要影响成分，是滋味和鲜度的重要影响成分，也是形成茶汤"金圈"的主要影响成分。茶黄素与咖啡因、茶红素等形成络合物，温度较低时，显出乳凝现象，使得茶汤呈现"冷后浑"。

茶红素类既包括儿茶素经过酶促氧化聚合、缩合反应的产物，也有儿茶素氧化产物与多糖、蛋白质、核酸等产生非酶促反应的产物。茶红素是红茶氧化产物中最多的一类物质，占红茶干重的 6%~15%，呈现棕红色，易溶于水，是红茶汤色的主体物质。

茶褐素类由茶黄素和茶红素进一步氧化聚合而成，深褐色，溶于水，一般占红茶干重的

4%～9%。红茶加工中萎凋时间过长，是茶褐素产生的重要原因。茶褐素过多，会造成红茶品质下降，茶汤发暗、无收敛性。

7.1.3 茶叶中的色素

茶叶中的色素是指存在于茶叶中的有色物质，有些是在鲜叶中已经存在的，是茶树生长过程中自己形成的，有些则是在加工过程中形成的，只存在于干茶中。茶叶色素不仅影响干茶的颜色，也会影响茶汤、叶底的颜色。这些色素按照溶解性可分为水溶性和脂溶性两类，水溶性色素会对茶的汤色有影响，脂溶性色素会对叶底的颜色有影响。水溶性色素主要是茶多酚及其氧化产物。脂溶性色素主要包括叶绿素和类胡萝卜素。

叶绿素主要存在于茶树叶片中，鲜叶中的叶绿素占干重的 0.3%～0.8%，这与茶树品种、季节、成熟度有关。叶绿素含量高时，叶色呈现深绿；含量低时，叶色呈现黄绿。一般来说，叶绿素含量高的鲜叶适合加工绿茶，制成的绿茶汤色、叶底翠绿明亮。叶绿素含量高的鲜叶若用来制红茶，干茶色泽乌暗，汤色泛青，叶底较暗。制红茶一般选用叶绿素低的鲜叶，制成的红茶干茶色泽乌润，汤色、叶底红亮。

当然，也有叶绿素含量低的鲜叶加工绿茶的特例，如安吉白茶，虽然绿色欠缺，但是茶汤滋味鲜爽。安吉白茶的叶片白化期主要是叶绿体退化解体，叶绿素合成受阻，导致了叶色的变化，并因为叶绿体不能继续发育，多余的可溶性蛋白水解，导致游离氨基酸含量上升。

类胡萝卜素包括胡萝卜素（呈浅黄色或橙色）和叶黄素（呈黄色），对干茶、叶底的颜色有重要影响，并会形成香气。在红茶加工过程中，胡萝卜素、叶黄素受到酶促氧化和热解等作用会转化为 β-紫罗酮、二氢海葵内酯等芳香物质。

7.1.4 茶叶中的氨基酸和蛋白质

氨基酸是构成蛋白质的基本物质，占茶叶干重的 1%～4%，嫩芽与嫩茎梗含量比老叶高，春茶比夏茶含量高。安吉白茶树种的芽叶中氨基酸含量可以高达 9%。茶叶中的氨基酸除了构成蛋白质的 20 种天然氨基酸之外，还有 6 种非蛋白质氨基酸，它们是茶氨酸、豆叶氨酸、谷氨酰甲胺、γ-氨基丁酸、天冬酰乙胺、β-丙氨酸。其中，茶氨酸是茶叶中最主要的氨基酸，占茶叶游离氨基酸的 50%以上，1950 年由日本学者酒户弥二郎首次从绿茶（玉露茶新梢）中分离、鉴定并命名。日本在 1964 年将 L-茶氨酸作为食品添加剂应用。茶氨酸极易溶于水，有焦糖香及类似味精的鲜爽味，能缓解苦涩味，增强甜味，对绿茶、红茶品质都有重要影响。

茶叶中的蛋白质占茶叶干重的 20%～30%，但是能溶于水的蛋白质仅有 1%～2%，这部分蛋白质可以形成茶汤的滋味。另外，蛋白质在高温下会变性凝固，在制茶过程中，蛋白质受热凝固，接下来会在加热及水解酶的作用下，分解为具有花香和鲜爽味的游离氨基酸。还有一部分蛋白质在湿热作用下，可以与多酚类化合物结合，在一定程度上降低茶的苦涩味。在黑毛茶的常规渥堆中，蛋白质在微生物作用下降解产生吲哚。吲哚在浓度高时呈粪便臭，而浓度低时则呈茉莉香。

酶是一类具有生理活性的化合物，在生物体内对某些特定的化学反应具有催化作用。酶的本质是一种特殊的蛋白质，受热会变形凝固，从而失去催化能力。茶鲜叶中的酶很复杂，主要有水解酶类、氧化还原酶类、裂解酶类、同分异构酶类等。其中，在制茶过程中与化学变化关系较大的是水解酶类和氧化还原酶类。水解酶类中有淀粉酶、蛋白酶等。淀粉酶催化淀粉水解成糊精、麦芽糖或葡萄糖。蛋白酶催化蛋白质水解成氨基酸。氧化还原酶类中的多酚类氧化酶是影响制茶品质最重要的一种酶，它能催化茶多酚氧化成茶黄素、茶红素、茶褐素。利用这个特性，适时控制温度，可以产生不同的茶叶品质。例如，若要加工绿茶，则在初制时采用高温快速破坏多酚类氧化酶，可以防止茶多酚在后续加工过程中发生快速的酶促氧化，因此得以保持绿色的品质特征。需要说明的是，在绿茶的保存过程中，茶多酚仍然可能发生缓慢的氧化，但是这个过程主要是非酶促氧化。在红茶初制时，则通过揉捻破碎鲜叶细胞，并保持适宜的通风、温湿度条件，促使多酚类氧化酶催化茶多酚适度氧化形成比例适当的茶黄素、茶红素。

氨基丁酸是谷氨酸经谷氨酸脱羧酶催化生成的一种非蛋白质氨基酸，在自然界中分布广泛，动物、植物和微生物中均有存在。已有研究表明，氨基丁酸具有降血压、镇定安神等作用，近二十多年来，广泛应用于医药、食品保健、化工及农业等行业。普通茶鲜叶中氨基丁酸含量低于0.02%，经过氨基酸叶面肥处理之后，茶鲜叶中的氨基丁酸含量显著提高，但是仍然不能满足需求。研究表明，在茶叶加工过程中通过适当的厌氧处理可以显著提高氨基丁酸在茶叶中的含量。目前，中国农业科学院茶叶研究所已经研制出氨基丁酸茶加工专用设备——茶鲜叶真空厌氧处理机，多家企业也申请了加工氨基丁酸茶的公开专利，其中部分企业在提升氨基丁酸含量的同时还结合了降低咖啡因含量的处理技术。

7.1.5 茶叶中的生物碱

生物碱是指一类来源于生物界的含氮有机化合物，植物界已经分离出来的生物碱大约有6000种。在茶树体内的生物碱主要是嘌呤碱，也有少量嘧啶碱。茶叶中的嘌呤碱和大多数生物碱一样，均为无色结晶，有苦味。茶叶中的嘌呤碱主要有咖啡因、可可碱、茶叶碱三种，它们在茶树体内可以相互转化，含量最多的是咖啡因。其中，咖啡因、茶叶碱易溶于热水，可可碱能溶于沸水。咖啡因在120℃以上开始升华，到180℃可以大量升华成针状结晶。因为其他植物中含有咖啡因的并不多，所以这个特性经常用于鉴别真假茶叶。有些少数民族在泡茶之前进行烤茶操作，可以显著减少茶叶中的咖啡因含量。

咖啡因在一般细嫩茶叶中的含量比粗老茶叶高，夏茶比春茶含量高，大叶种茶树含量较高，南方茶树品种含量高于北方，经过遮阴处理的茶树咖啡因含量较高。咖啡因是茶叶的重要滋味物质，其不仅具有苦味，而且与茶黄素结合后形成的复合物具有鲜爽味。在茶汤中，咖啡因与儿茶素及其氧化物在高温（100℃）时各自游离，但是随着温度的下降，它们逐渐形成缔合物（茶乳酪），使茶汤出现"冷后浑"现象。这个过程可逆，如果茶汤温度重新升高，"冷后浑"又会逐渐消失。"冷后浑"现象在红茶中非常典型，被茶叶行业认为是红茶品质好的象征。在绿茶的瓶装茶饮料中"茶乳酪"也很常见，但是消费者因为缺乏对"茶乳酪"具体成分与形成原因的了解，通常认为这是一种不好的品质特征，厂家不得不在包装上标注"如有沉淀属天然茶叶成分，请放心饮用"，并在生产中尝试采用多种工艺努力减少"茶乳酪"。

7.1.6　茶叶中的芳香物质

茶叶香气是茶叶品质的重要因子，茶香是人的嗅觉对茶中芳香物质的综合感受。这个感受与人的嗅觉阈值有关，也与芳香物质的种类、浓度有关。茶叶中的芳香物质是茶中挥发性香气组分的总称，迄今为止，已经分离鉴定的茶叶芳香物质超过 700 种。虽然种类很多，但是香气物质在茶叶干重中占比都很小，例如香气物质在绿茶的干重中占比 0.02%～0.05%，在红茶的干重中占比 0.01%～0.03%。700 余种芳香物质中只有大约 80 种是茶树鲜叶在生长中合成的，其余则是在茶叶加工过程中形成的。鲜叶中的芳香物质，一般嫩芽的含量比成熟叶高，春茶的含量比夏茶高，高山茶的含量比平原茶高。茶叶加工过程中主要是热作用、酶促氧化反应形成香气。如绿茶加工过程中在热作用下发生的"美拉德"反应形成"板栗香"等，在红茶加工过程中酶促氧化反应等作用形成甜香、花香。不同茶类含有的香气物质种类不一，绿茶类中有 260 余种，红茶类中则有 400 余种。有些芳香物质是鲜叶、绿茶、红茶等共有的，有些则是各自分别具有的。

各类茶叶中已经发现并鉴定出的 700 多种芳香物质有碳氢化合物、醇、醛、酮、有机酸、酯、内酯、酚及其衍生物、含氧杂环类化合物、含硫化合物、含氮化合物等。

（1）碳氢化合物　茶叶芳香物质中的碳氢化合物主要是萜烯，常见的有莰烯（樟脑香）、蒎烯（松木香）、水芹烯（柑橘香）、β-石竹烯（丁香-松香香）。有研究发现在绿茶信阳毛尖的高山茶与低山茶中的碳氢化合物芳香物质，除 3-蒈烯为单萜外，其余均为倍半萜芳香物质。高山茶中碳氢化合物芳香物质分别是古巴烯、α-荜澄茄油烯、α-法尼烯、3-蒈烯，总含量为 0.697%，占芳香物质总量的 7.92%；低山茶中分别是丁香烯、β-丁香烯、α-荜澄茄油烯，总含量为 0.763%，占芳香物质总量的 21.76%。其中，α-荜澄茄油烯具有轻淡的樟木香，古巴烯具有蒿草味，α-法尼烯具有青草香及萜香，3-蒈烯具有强烈的松木香，丁香烯具有木香。黑茶类具有槟榔香，六堡茶香气成分中，碳氢类物质主要有 α-法尼烯、α-雪松烯和 δ-杜松烯，三者均属于倍半萜烯类，均带有木香。

（2）醇类　醇类可分为脂肪族醇、芳香族醇、萜烯醇类。脂肪族醇在茶鲜叶中含量较高，沸点较低，易挥发。脂肪族醇中又以顺-3-己烯醇（青叶醇）含量为最高，高浓度时具有强烈的青草气，稀释后有清香的感觉。青叶醇沸点为157℃，在绿茶加工中，加热时会挥发，同时异构形成反式青叶醇，使得鲜叶原有的青臭转为干茶的清香。春茶中醇类含量较高，绿茶等级越高醇类含量越高。

芳香族醇类似花香、果香，沸点多在200℃以上。其中，苯甲醇具有微弱的苹果香气，苯乙醇具有特殊的玫瑰香气，苯丙醇具有微弱的水仙花香气。

萜烯醇类具有花香或果香，沸点多在200℃以上。其中，芳樟醇具有百合花或玉兰花香气，香叶醇（牻牛儿醇）具有玫瑰香气（香叶醇的含量与茶树品种密切相关，祁门种的香叶醇含量是普通种的几十倍，因其可能是祁门红茶特殊的祁门香的特征物质之一），橙花醇、香草醇（香茅醇）的香气与香叶醇相似。以上四种都是单萜烯醇，在酶、热作用下可发生异构而互变。此外，茶叶中还有倍半萜烯醇，如橙花叔醇具有木香、花木香、水果百合香，是乌龙茶和花香型高级名优绿茶的主要香气成分。在乌龙茶中，醇类主要在晒青、做青、包揉工序中形成。

（3）醛类　醛类约占茶鲜叶芳香油的3%，干茶含量高于鲜叶，红茶高于绿茶。脂肪族醛类香气成分包括乙醛、正戊醛、正丁醛等。低级脂肪族醛具有强烈刺鼻气味，随着相对分子质量增加，刺激性减弱，逐渐变为愉快的香气。低级脂肪醛中己烯醛含量较多，是构成茶叶清香的成分之一。芳香族醛类中比较重要的有苯甲醛，易被氧化为苯甲酸，具有苦杏仁香气。肉桂醛具有肉桂香气。萜烯醛类中比较重要的有橙花醛（顺柠檬酸醛），具有浓厚的柠檬香，主要存在于红茶中。

（4）酮类　低级脂肪族酮都有微弱的特殊香气，茶叶中比较重要的酮类有：苯乙酮，具有强烈而稳定的令人愉快的香气；α-紫罗酮，具有紫罗兰香；β-紫罗酮，对绿茶香气影响较大，在红茶中，其氧化产物为二氢海葵内酯、茶螺烯酮等；茉莉酮，在茶鲜叶及成品茶中均存在，有强烈而愉快的茉莉花香，茉莉花茶中含量较多；茶螺烯酮，具有果实、干果类香气。

（5）有机酸类　广义上讲，凡是含有羧基的有机化合物都是有机酸，然而对茶叶成分的分析中，这些有机酸往往归属到不同类别，例如氨基酸是蛋白质的组成成分，没食子酸和绿原酸是多酚类，抗坏血酸是维生素C。茶叶中的有机酸通常是指二元羧酸和羟基多元羧酸，如琥珀酸、苹果酸、柠檬酸、水杨酸等，这类羧酸几乎没有挥发性，不能作为香气化合物。茶叶中的有机酸也包括环状结构脂肪酸，在这类有机酸中，有的是香气成分（如顺-3-己烯酸），有的是香气成分的良好吸附剂（如棕榈酸），有的本身无香气，但是可以转化为香气（如亚油酸）。

茶叶中已发现的有机酸有40多种，含量为茶叶干重的3%左右，是香气和滋味的主要成分。其中，茶汤中的有机酸有 10 余种，香气中的有机酸有 30 余种，在成品茶中含量显著比鲜叶高，在红茶中占精油总量的 30% 左右，但是在绿茶中仅有 2%～3%，这是绿茶与红茶的一个重要差别。

（6）酯类 酯类是组成芳香油的主要成分，茶叶中较重要的是萜烯族酯类和芳香族酯类，它们通常具有强烈而令人愉快的花香。萜烯族酯类主要是醋酸酯类，其中醋酸香叶酯类似玫瑰香气，醋酸香草酯具有较强的香柠檬油香气，醋酸芳樟酯类似青柠檬香气，醋酸橙花酯具有玫瑰香气。芳香族酯类中较重要的有三种酯类：苯乙酸苯甲酯，具有蜂蜜的香气；水杨酸甲酯，具有浓烈的冬青油香；邻氨基苯甲酸甲酯，极度稀释后具有甜橙花的香气。

（7）内酯类 迄今尚未在茶鲜叶中发现内酯类香气化合物。内酯来源于茶叶加工中羟基酸的脱水及胡萝卜素的分解。茶叶中的内酯主要有茉莉内酯，具有特殊的茉莉花香气，是乌龙茶和茉莉花茶的主要香气成分，还有二氢海葵内酯，在茶叶发酵、干燥过程中产生，是 β-胡萝卜素的光氧化产物或热降解产物，具有甜桃香。

（8）酚及其衍生物 茶叶中的酚类化合物主要是苯酚及其衍生物，常见成分为 4-乙基愈创木酚、丁香酚、麝香草酚（百里香酚）等。

（9）杂氧化合物 茶叶中的杂氧化合物主要有呋喃类、吡喃类及醚类等，常见成分为 2-乙基呋喃、茴香醚、茴香脑、1，1-二甲氧基乙烷。

（10）含硫化合物 主要有噻吩、噻唑及二甲硫等。日本蒸青绿茶中存在大量二甲硫，具有清香，是绿茶新茶香的重要成分，也存在于红茶中。噻唑则具有烘炒香。

（11）含氮化合物 茶叶在加工中经过热化学作用形成的烘炒香的成分，包括吡嗪类、吡咯类、喹啉类及吡啶类等。

7.1.7 茶叶中的糖类

糖类，旧称碳水化合物。常见糖类化合物有葡萄糖、果糖、蔗糖、淀粉、纤维素等。

茶叶中的糖类占干物质总量的 25%～40%，茶树鲜叶中，新梢从萌芽到长出第 7 片鲜叶，糖类化合物含量显著增加。茶树叶片中，蔗糖的含量在冬季最高，淀粉的含量则在 4～6 月最高，半纤维素的含量从 4 月到 8 月有所增长，而后下降，10 月起又重新增长，到 12 月保持较高水平。

茶树鲜叶中，单糖主要有果糖、葡萄糖、阿拉伯糖、鼠李糖、半乳糖、甘露糖，以游离态或糖苷形式存在。茶叶中的二糖主要是蔗糖。可溶性的单糖、二糖含量为 0.8%～4%，参与组成茶叶的滋味。鲜叶在采摘后，不能再进行光化作用合成糖类物质，而消耗糖类的呼吸作用仍然继续，部分单糖因此减少。但是在内源水解酶的作用下，二糖、寡糖、多糖会被水解成游离态的单糖，往往会使鲜叶中单糖含量有所增加。茶叶加工过程中，在高温下氨基与羧基共存时会引起美拉德反应，最终会形成吡嗪类化合物，这种含氮化合物是茶叶的香气成分。当糖类物质在高温下单独存在时，则会发生焦糖化反应，产生黑褐色物质（糖色）和令人愉快的焦糖香气。这些香气共同形成茶叶的烘炒香，但是过量时则会产生焦煳气。

茶叶中的多糖包括淀粉、纤维素、果胶等。其中水溶性果胶是形成干茶外形光泽度和茶汤厚度的主要成分。茶叶中的果胶是一类胶体性物质，在茶叶加工中有利于茶叶的揉捻成形，果胶含量高，可使条索紧结、外观油润，冲泡出的茶汤甘甜味厚。如果果胶含量少，则揉捻出的干茶松散而干枯。一般在茶树新梢中第三、四叶果胶含量较高。在加工过程中，果胶也会水解形成水溶性果胶素、半乳糖、阿拉伯糖等物质参与构成茶汤的滋味。

茶叶中不仅有糖基与糖基构成的多糖（如纤维素），也有糖基与蛋白质结合构成的酸性多糖。茶叶中的这些多糖复合物习惯简称为茶多糖。茶多糖在粗老叶中含量较高，在嫩叶中含量较低。不同茶类选择的鲜叶原料不同，通常来说，乌龙茶中的茶多糖比绿茶、红茶多。近年研究发现，茶多糖有一定的降血糖、增强免疫力等功效。

7.1.8 茶叶中的皂苷

皂苷（旧称皂甙）是一类结构比较复杂的糖苷类化合物，其分子中有亲水的部位和疏水的部位，从而使得它具有良好的表面活性，其水溶液容易产生泡沫。这种类似肥皂的效果，也是其名称的由来。茶叶中的皂苷主要是茶皂素，在茶树生长过程中，茶皂素不断积累，老叶中含量高，嫩叶中含量低。茶皂素在茶汤中能产生很多泡沫，起泡力与浓度之间有着显著的相关性。目前，粗老茶叶中提取的茶皂素可以应用于工业乳化剂、制作洗涤用品等。当然，在茶叶的成分中，具有起泡性质的绝不只有茶皂素一种，还有蛋白质类、固体粉末、炭末等微细的憎水固体等，这些成分也可以形成稳定的泡沫。此外，起泡也与水的硬度有关，硬度越高，起泡越多。一般来说，茶汤表面的泡沫层，给人以不愉快的感觉，茶艺冲泡流程中往往有"刮沫"的操作，但是"刮沫"操作只能刮去泡沫及其附着的碎茶、粉末，并不会降低茶汤中茶皂素的浓度。

7.2 茶与健康的关系

7.2.1 茶与健康的起源与发展

陆羽在《茶经》中说茶"发于神农氏"，把茶与这位传说中的医药始祖联系起来了。事实上，人们从一开始饮茶看中的就是茶的药用功效。从中医的观点来说，寒凉类的药物一般有清热、解毒、泻火、消暑等功效。现代人将古代积累下来的资料进行了整理，得出了茶叶的二十四种功效：少睡、安神、明目、清头目、生津止渴、清热、消暑、解毒、消食、醒酒、去肥腻、下气、利水、通便、治痢、祛痰、祛风解表、坚齿、治心痛、疗疮治瘘、疗饥、益气力、延年益寿、其他功效。这二十四功效并不都是从茶"微寒"的药性出发的，因此，茶的医用功效是多方面的。

到了魏晋时期的传说中，茶已经上升到可以使人长生不老、羽化登仙的地步了，也就是二十四功效中的益气力和延年益寿的功效。在早期的传说中，茶是神仙们喜爱的饮料。人们觉得，神仙是住在山里的，茶也是生长在高山里，又有着神奇的作用，一定和神仙有关，人吃了也可以成仙。神仙虽然吃茶，但吃茶的人却并没有成仙，原因自然是修炼的方法不对。神仙是要清静无为、清心寡欲的。一边醉生梦死，一边吃茶自然是不得法。虽然没有长生那么神奇，但是茶的养生功效也是真实存在的。陆羽说："若热渴、凝闷、脑疼、目涩、四肢烦、百节不舒，聊四五啜，与醍醐、甘露抗衡也。"随着饮茶和有关茶叶具有保健功效的知识和经验传到国外，欧洲不少国家都对茶叶的保健功效很感兴趣，并广为宣传和推广。现代，人们从茶里发现了越来越多的有效成分，使得饮茶成为人们健康的选择。

饮茶对人体的保健功效在科学研究上进展不快。直至 1987 年富田勋在美国的医学刊物上发表了茶叶中的茶多酚可以抑制癌细胞生长和繁殖的研究论文，引起了各国科学家的关注。从 20 世纪 80 年代后期起，各国相继开展了茶多酚对各种癌症和心血管疾病预防和治疗效果的活体外、活体内动物实验及临床实验。

世界各国科学家经过 30 多年的大量研究，撰写了数以万计的论文，证明了茶叶中的多种化合物具有多种抗病、健体的保健功能。现如今最新检测出茶叶内含化合物 700 种左右。其中人体必需的营养成分有维生素类、蛋白质、氨基酸、类脂类、糖类及矿物质元素等，对人体有保健和药用价值的成分有茶多酚、咖啡因、脂多糖等。

7.2.2 茶与健康

茶对人身体的保健效果，不是基于某一种成分的效果，而是茶叶中多种成分在人体里的协作效果。

（1）饮茶与口腔健康的关系　20 世纪 80 年代后期的研究进一步发现茶叶中的多酚类化合物，特别是儿茶素类化合物具有防龋作用。茶叶中的多酚类化合物可杀死在齿缝中存在的各种龋齿细菌。许多研究报道了茶多酚类化合物能抑制口腔中变形链球菌的生长和酸的产生，以及抑制变形链球菌对葡糖基转移酶的形成和水不溶性葡聚糖的合成。在不同的儿茶素化合物中，带有没食子酸酯基团的儿茶素对抑制葡糖基转移酶的形成效果高于不含没食子酸酯基团的儿茶素。日本科学家曾用 0.1% 茶多酚液和可引起龋齿的膳食喂食大白鼠，结果发现可以明显减少牙齿的龋斑。茶多酚防龋的另一机理是抑制口腔唾液中淀粉酶的活性，从而降低含淀粉食品致龋齿的可能性。

茶叶中皂苷的表面活性作用，可增强氟素和茶多酚类化合物的杀菌作用。

饮茶具有一定的降低口腔癌发病率的效果。饮茶后在口腔中残留有较多数量的儿茶素类化合物，因此对预防口腔癌具有一定作用。据日本科学家测定，饮绿茶后1小时，在口腔中可残留毫克级的儿茶素类化合物。

茶还有清除口臭的效果。口臭的一个原因是人们在进食后残留在牙缝中的蛋白质类食物成为腐败细菌增殖的基质而形成的。茶叶中的多酚类化合物具有杀菌作用，而茶皂素的表面活性作用具有清洗的效果，因此茶有清除口臭的作用。儿茶素类化合物还可以抑制牙龈卟啉单胞菌的产生，因而具有减轻口臭的作用。

（2）饮茶与人体免疫力的关系 人体具有免疫机能，以保持机体的健康，这种免疫防御系统通过免疫蛋白体的形成用以识别入侵人体的病原，然后由人体的白细胞和淋巴细胞行使"围歼"任务。人体免疫性包括非特异性免疫和特异性免疫，两者各有其独特作用，但同时又互有联系。前者是人类在漫长的历史过程中通过和微生物及其他异物的接触中产生的，可以遗传；后者则是后天形成的，包括细胞免疫和体液免疫。饮茶可以提高人体细胞、血液和肠道的免疫功能。

人体中的白细胞、淋巴细胞具有免疫功能，饮茶可以增加人体中白细胞和淋巴细胞的数量，提高它们的活性，并促进脾脏淋巴中白细胞介素I的形成，因此增强了免疫功能。

人体肠道的免疫性对人体健康也有重要作用。成人消化道中有100多种微生物，细菌约有10^{14}个。这些细菌中有的是有益细菌，有的是有害细菌。消化道内有益细菌和有害细菌种群数量的比例和变化决定了肠道的健康状况。有害细菌会对人体肠道内的营养物进行分解，产生有害物质。当双歧杆菌数量较多时，它可以分泌乳酸、醋酸以抑制有害细菌的增殖，从而免除疾病的发生。因此，双歧杆菌对于维持肠道的正常蠕动，保护肝、脑、心脏等生命器官有重要作用。研究表明，茶叶中的有效组分能促进双歧杆菌的生长和增殖，同时有杀灭和抑制有害细菌的作用。茶叶中的儿茶素类化合物对许多有害的细菌，包括金色葡萄球菌、霍乱弧菌、黄弧菌、大肠杆菌、肠炎沙门氏菌、肉毒杆菌等都具有杀灭和抑制作用。通过饮茶，可以改善人体（特别是中老年人）肠道微生物的结构，维持微生态平衡，从而起到增强肠道免疫功能的作用。1999年日本对35位老年人进行长期服用茶儿茶素片剂试验，结果显示了同样的规律性，即肠道有益细菌数量上升，有害细菌数量下降。因此，饮茶可以提高机体、血液和肠道的免疫功能，增强对外来微生物和异物的抵抗力。

（3）饮茶与降血压的关系 高血压是人类的一种常见病，一般指原发性高血压。适量饮茶可预防或降低血压。高血压病大部分属于本能性高血压，这种高血压受血管紧张素调节。血管紧张素又分血管紧张素I和血管紧张素II。血管紧张素I没有升压活性，只有通过血管紧张素I转移酶（ACE）将其转变为血管紧张素II后，才具有升压活性。因此，对血管紧张素I转移酶有抑制作用的化合物往往也具有降压效果。研究表明，茶叶中的各种化合物对 ACE 都有抑制作用。

（4）饮茶与降血脂的关系　血脂高一般指血液中的胆固醇、甘油三酯含量高。胆固醇是一个总称，它包括低密度胆固醇、超低密度胆固醇和高密度胆固醇 3 类，其中前两者都是有害的胆固醇，有促使人体动脉粥样硬化的不良作用，而高密度胆固醇是一种有益的胆固醇，有预防和改善动脉硬化的功效。血脂含量高往往使得脂质在血管壁上沉积，引起冠状动脉收缩、动脉粥样硬化和血栓。与此相关联的是，脂质过多往往引起肥胖，这是现代社会比较普遍的一种生理异常现象。饮茶能提高人的基础代谢率，促进脂肪的分解，从而起到减肥的作用。动物实验表明，喂饲儿茶素可使体内脂肪减少。饮茶具有降血脂的作用，特别是茶叶中的表没食子儿茶素没食子酸酯能抑制细胞中胆固醇的合成，具有降低血液中低密度胆固醇和提高高密度胆固醇的功效。

到目前为止，在茶对人体保健效应的研究中，心血管疾病研究方面获得了最令人信服的结果，并广泛应用。茶多酚产品在国外的销售和应用也主要是在减肥和降血脂方面。

（5）茶与病毒的关系　茶叶中有效组分对病毒如流感病毒有抑制效果。其机理不是抑制病毒在细胞中的复制，而是通过茶多酚结合在流感病毒的血球凝集素上，从而抑制病毒吸附在细胞上。除了流感以外，瑞士的研究表明，儿茶素对人体呼吸系统合胞病毒有抑制作用。张国营教授等报道了红茶和青茶茶汤在 80 毫克/毫升质量浓度时可完全抑制引起病毒性腹泻的轮状病毒。茶叶对多种细菌、真菌、病毒微生物具有杀菌和抑菌作用，它又是一种对人体生理具有调节功能的饮品。业已证明，茶叶中的有效组分可以在一定程度上预防和治疗人体多种疾病。

（6）饮茶与癌症的关系　癌症是对人类最具威胁和死亡率最高的一种疾病。几十年来，世界各国在癌症研究上取得了很大的进展，但在最关键的治疗方法上还没能取得令人鼓舞的结果。其关键问题是治疗癌症的药物可以杀死人体中的癌细胞，但这种浓度与对人体正常细胞的致死浓度非常接近，以致出现"玉石俱焚"的治疗副作用。从 20 世纪 80 年代起，科学家们试图从天然产物中找出具有选择性效果的化合物，茶叶就是其中重要的一种。从 1987 年起，多年的研究证明了茶叶具有双重功效，一方面它能通过多种机理杀死癌细胞或抑制其发展和繁衍，另一方面它能通过提高机体的免疫力、抗氧化活性、DNA 修复功能和解毒能力等提高机体对癌症的抗性。

（7）微量元素　微量元素是构成人体营养的重要组分，同时也和人类很多疾病有着重要的联系。茶叶中所含微量元素有很多，包括氮、钾、铝、碘、硫、硒、镍、砷、锰等。

钾是人体的一种重要矿质元素。钾的缺乏会导致心绞痛、糖尿病、高血压、肌肉活动减退及风湿病等。钾的每天建议摄入量为 2000 ~ 2500 毫克。茶中的钾在泡茶时几乎可以全部浸出，平均每天饮茶 10 克，可摄入钾素必需量的 6% ~ 10%。

锰是人体必需的微量元素。锰缺乏会引起人体发育延迟、先天性畸形、骨骼发育不全。

锰也是许多种水解酶、脱段酶和超氧化物歧化酶的构成元素。人体每天需锰量为 2.5~5 毫无。泡茶过程中 80% 的锰可被浸泡出来。每天饮 10 克茶，可获得人体对锰需要量的 1/2以上。

氟也是人体的必需元素，与骨骼形成和预防龋齿关系密切。泡茶时 65%~80% 的氟可进入茶汤。人体每天需要的氟为 1.5~4 克。每天饮茶 10 克所获得的氟占人体氟需要量的60%~80%。但氟摄入量过多会引起斑釉状齿。

镁是人体糖代谢所必需的元素，参与催化多种酶。人体对镁的正常需求量为每天 220~400 毫克，泡茶时镁的浸出率约为 50%。通过饮茶摄入的镁可占人体日需要量的 2%~5%。

锌是人体多种蛋白质、核酸合成酶的构成元素。缺锌会使人体免疫力下降，发育受阻。老年人感到饮食无味也和缺锌有关。人体每天锌的必需摄入量为 10~15 毫克。泡茶时锌的浸出率为 36%~56%。食品中除胡桃、花生、芝麻外通常含锌量较低，饮茶有一定补充作用。

硒元素在 20 世纪 50 年代被确认为人体不可缺少的一种微量元素。人体每天的必需量为0.06~0.12 毫克，硒的缺乏会使动物出现一系列严重疾病，包括肝坏死、心肌变性、肌肉营养不良、贫血溶血、生殖机能衰退等。一般认为，硒和人体 50 种左右的疾病有关。适量摄入硒对预防心血管疾病、癌症有一定作用。一般茶叶中硒的含量很低，但在我国已发现有两个富硒区，一个在湖北恩施，另一个在陕西紫阳。这两地的茶叶硒含量平均为 0.50~0.65毫克/千克，最高达 6.50 毫克/千克。茶叶中硒的浸出率为 8%~20%。

维生素和人体健康密切相关。茶叶中含有丰富的维生素。其中类胡萝卜素又称维生素 A原，特别是 β-胡萝卜素，20 世纪 80 年代以来引起特别关注。研究表明，β-胡萝卜素对人体心血管疾病、癌症和白内障有一定预防效果。

茶叶中含有各种维生素，其中维生素 C 的含量很丰富，每 100 克绿茶中维生素 C 的含量高达 100~250 毫克。B 族维生素和维生素 C 易溶于水，易被人体吸收。维生素 P 具有增强血管壁弹性和降血压功效。维生素 U 也是一种水溶性维生素，可预防消化管道溃疡，是胃肠药的主要成分。

7.3 科学饮茶常识

茶是有益于身体健康的饮料，是世界三大无酒精饮料之一，因此，茶有"康乐饮料之王"的美称。但首先要清楚一点，前面所讲的那么多茶的养生功效要么是古人的想象；要么是实验室中的研究，各种有效成分在茶叶中虽然有，但饮茶中摄入的这些成分的量是很少的，并不能直接达到养生保健效果。离开剂量谈茶的养生保健功效是没有意义的。

茶鲜叶中含有丰富的维生素 C，令绿茶中可溶于水的维生素及氨基酸在加工中未发生变化，而温度过高其中维生素会遭到破坏，所以绿茶冲泡温度以 80℃ 左右为宜。红茶和乌龙茶在发酵过程中维生素和氨基酸已遭到破坏，水温高更利于茶多酚和生物碱浸出溶解，因此，红茶和乌龙茶宜用 95℃ 左右的开水冲泡。另外，因为茶叶含大量鞣酸、茶碱、芳香油，若冲入滚沸水并用保温杯，茶叶一直处于高温、恒温环境，维生素等有效成分会被大量破坏，芳香油大量挥发，鞣酸、茶碱亦大量溢出。这样不仅使茶的营养价值骤降，而且还会造成茶汁无香，茶味苦涩，有害物质增多，实为饮茶之大忌。

7.3.1　忌饮冷茶

唐代名医陈藏器说茶："饮之宜热，冷则聚痰。"李时珍在《本草纲目》中认为"茶苦而寒……最能降火……温饮则火因寒气而下降，热饮则茶借火气而升散"。事实上也是如此，冷茶喝下去，会觉得脾胃寒凉。人们在日常生活中形成的饮茶方式往往都有其合理的成分，南方人在饮用乌龙茶时爱用小壶小杯，这是因为如用大壶泡，一时喝不掉，茶冷下来再喝，脾胃稍弱的人就会觉得腹中不适。不过，饮用时，茶汤也不宜温度过高，有研究表明，长期饮用烫茶与食道癌变有一定的关联性。一般认为，茶汤的温度以不超过 60℃ 为宜。

7.3.2　忌以茶醒酒

白居易有一首诗《萧员外寄新蜀茶》写得很悠然："蜀茶寄到但惊新，渭水煎来始觉珍。满瓯似乳堪持玩，况是春深酒渴人。"酒能助诗兴，解忧愁，而茶能解酒，这大概也算是古代文人钟情于茶的一个原因了。人们最初发现茶的时候就发现了它的解酒的效。三国魏的张揖在《广雅》中说茶的功效有二："其饮醒酒，令人不眠。"但这一功效从古至今一直不被医家提倡。

饮酒以后，人体自然的反应是通过肝脏来解毒。茶有利水的功效，可以加快人体的水代谢，饮茶以后小便多，这样，人体通过排尿将血液中的酒精带出体外以达到醒酒的目的。通过饮茶醒酒减轻了肝脏的负担，但如此一来却增加了肾脏的负担，长此以往，会造成肾脏的疾病。

7.3.3　用餐前后饮茶的宜忌

1）茶可以消食减肥，所以古人常于饭饱之后饮茶。但由于茶可以降血脂与血糖，如果空腹饮茶，会造成茶醉。茶醉的感觉是头晕、腿软，与饥饿有点相似，但腹中没有饥饿感。血糖低的人更易发生茶醉的情况，最好不空腹饮茶，或饮淡茶。为防茶醉，在饮茶时最好准备一些点心。关于茶与点心的搭配关系，已在前文介绍，在此不再赘述。

饮茶的时机选择相当重要。在饭店用餐，客人入座后，服务员会很快上来斟茶水，当用餐完毕后，服务员还会为客人斟上茶水，还有一些不喝酒的客人会提出以茶代酒。这些是生活当中常见的现象，从饭店服务的角度来说这是规范服务，从客人的角度来看也没什么不妥，但从营养学的角度来说这其实是不正确的。现代营养学研究发现，用餐时间饮茶，会影响食物中铁元素的吸收。这种影响还与人们的饮食结构有关。素食者食物中铁元素的含量不高，饮茶的影响就要大些。肉食者就不一样，肉中的铁元素是以血铁红素的形式存在的，饮茶对这部分铁的影响不大。另外，饭前大量饮茶会冲淡唾液和胃液，这样一来就会使人饮食无味，影响消化，也影响吸收。

2）忌饭后马上饮茶。茶中含有鞣酸，能与食物中的蛋白质、铁元素结合，使其凝固，影响人体对蛋白质和铁元素的消化吸收。但是可以用茶漱口来健齿，茶叶中含有较多的氟，这是牙齿釉质的重要成分，因此经常饮茶有利于保护牙齿。古人是凭经验知道茶的坚齿作用的。人饮食之后，齿间留有食物残渣，在细菌的作用下发生腐败，产生难闻的气味，还有酸性物质会对牙齿表面的釉质造成损害。古人理解的茶的健齿功效缘于解腻功效。苏轼说："凡肉之在齿间者，得茶浸漱之，乃消缩不觉脱去，不烦挑刺也。而齿便漱濯，缘此渐坚密，蠹病自已。"苏轼曾提出一个折中的方法，饭后用茶漱口。

7.3.4 饮茶要因人而异

从中医的观点来看，年轻人往往身体健壮，火气盛。这样的人饮茶可以起到降火的作用，他自己也会觉得神清气爽。唐代的卢仝在诗中说他饮茶一饮七碗，感觉轻汗发而肌骨清。当时的卢仝正值壮年，喝这么多茶自然会觉得很舒服。老年人往往血气弱而阳气虚，饮茶之后会觉得不太舒服。宋代的蔡襄是一个茶艺专家，但到晚年就因身体虚弱而不能饮茶了。李时珍在《本草纲目》中也说自己"早年气盛，每饮新茗，必至数碗……颇觉痛快。中年胃气稍损，饮之即觉为害。不痞闷呕恶，即腹冷洞泄。"

年轻人也有身体虚弱的，老年人也有身体健壮的，是不是适合饮茶，适合饮什么浓度的茶，还是要根据个人体质情况来看。一般来说，胃气弱的人不宜饮茶，尤其不宜饮浓茶，如胃炎、胃溃疡、反流性食管炎的患者都不宜饮茶。对于心动过速的冠心病患者，常饮茶会促使心跳过快，对病情不利，但对于心动过缓的冠心病患者，适当地饮一点茶，对身体是有好处的。低血压的人群，饮茶也不宜过浓、过多。

茶叶有寒凉、温和之分，绿茶属性凉而微寒，味略苦，但它的营养成分较之其他茶类高，适合胃热者饮用；乌龙茶不寒不热，辛凉甘润，是一种中性茶，适合大多数人饮用；白茶温凉、平缓、味甘甜，适合中老年人饮用；黄茶性凉微寒，适合胃热者饮用；普洱熟茶温醇平和，男女老少皆宜；花茶温凉沁人心腑，益脾安神、芳香开窍解郁闷，宜早晚饮用；苦丁茶寒凉，可解热毒去肝火，治咽喉炎、便秘，降血压，减肥除腻，宜对症饮用。

7.3.5　饮茶要适度

长期饮浓茶，会导致胃肠功能失调，减弱胃肠对食物中铁元素的吸收，引起贫血或 B 族维生素缺乏症，茶叶中咖啡因和茶碱能使心跳加快，因而患有早搏和房颤的心脏病患者，若饮浓茶过多，会有突发、加重心律失常的危险。应少喝或不喝。

忌饮茶过度。茶的功效被传得很神奇，但过度饮茶也会有危害。饮茶过度会造成肾气虚弱。中医认为，茶入肾经，而肾为人的先天之本，以温为佳，寒凉的茶入肾经必然会带来诸多后果。清人魏之琇在《续名医类案》中记载了一个饮茶过度的病例："一人饮茶过度，且多愤懑，腹中常漉漉有声，秋来寒热似疟。以十枣汤料，黑豆煮，晒干研末，枣肉和丸芥子大，以枣汤下之。初服五分不动，又服五分。无何腹痛甚，以大枣汤饮之，大便五六行，时盖日晡也……绝而复苏……"对于这些饮茶后果，古人总结为四个字："瘠气侵精"。"瘠气"即是食欲减退的后果，"侵精"即是指肾气受损了。

7.3.6　忌饮夜茶

唐代元稹在一首茶诗中说饮茶的时间："夜后邀陪明月，晨前命对朝霞。"前半句说的是饮夜茶，后半句说的是饮早茶，或者干脆就是饮茶饮了一个通宵达旦。早晨饮茶，好处多多。睡了一夜的觉，早晨起来，早饭过后，饮一杯茶，的确可以涤除昏昧，但饮夜茶就不妥了。元稹在诗中所咏的是一种非正常的生活状态，一般来说，和尚和道士晚上要打坐，饮茶可用来提神，一些文人雅士也经常在晚上雅聚，茶往往是聚会的主题之一，这样的生活雅则雅矣，但不宜效仿。

现代人夜生活较多，晚上与朋友在茶楼小聚，饮茶是难免的，但尽量不要饮浓茶。茶有提神的功效，晚上饮茶会影响人的睡眠，一些对茶敏感的人，甚至下午喝了茶，晚上就睡不着觉了。老年人尤其不宜饮夜茶，因为老人的睡眠本来就少，饮了茶以后，晚上更是难以入睡，而且老人肾气虚弱，夜里尿多，茶的利尿作用会使老人夜里起得更加频繁。

早晨饮茶应在食后，若是起床就饮，在空腹的情况下，会引起茶醉，表现为头晕、乏力等状况。我国很多地方都有吃早茶的习惯，基本上是茶与点心一同吃，前面说过了，这不是一种科学的饮食方式，但作为民俗，自有一番乐趣。

7.3.7　其他饮茶禁忌

（1）忌大量饮新茶　许多人以为茶越新越好，但中医认为，刚炒出的茶火气重，多饮易上火。从茶叶中的化学成分来看，新茶，尤其是新的绿茶中含有较多的多酚类及生物碱，对人的消化系统刺激较大，容易造成肠胃不适。所以，新茶应存放一段时间再饮用。

（2）忌与药物同服　在中医看来，茶本身也是药物，在服药期间，如没有特别医嘱，不宜用茶水来送服药物，这是大多数中国人都知道的常识。

（3）不饮过度浸泡的茶　很多人上班时泡上一杯茶可以一直喝到下班，茶叶浸泡的时间长达5~6小时甚至更长。在我国民间有不饮隔夜茶的说法，就是指不饮长时间浸泡的茶。茶叶中所含的成分很多，在短时间浸泡时，浸出的大多是对人体有助益的物质，而长时期浸泡后，茶的味道已经没有了，茶叶中的一些有害物质如重金属铅、镉却被浸泡了出来，不利于身体健康。同样的道理，吃茶渣的习惯也是不好的，唐宋时期许多关于饮茶的疾病应和当时的饮末茶的习惯有关。

（4）不要过量饮用砖茶　砖茶区大多是以肉、奶类为主食的，蔬菜的摄入量相对较少，茶既可以起到解腻的作用，还能补充一定的维生素，所以是当地人每日生活所不可缺少的。茶叶中的氟含量本来就高，砖茶的煮饮方式使得人体对氟的吸收也随之提高，所以在我国饮用砖茶的地区，氟中毒的情况很多，尤其是近年以来，藏民中因长期大量饮用含氟的砖茶造成氟中毒的情况屡见报道。

（5）忌食茶渣　茶叶当中除了对人体有益的成分，也有相当多的不利于人体健康的元素，如铅等，即使像氟这样有益的元素，过量摄入也会造成氟中毒。有些人喜欢喝茶时将茶渣一起吃下去，这显然是不妥的。也有些茶馆或饭店将茶叶添加到菜肴与点心中，这固然可以改善食物的风味，但也只能偶尔尝一下，不能作为日常饮食的惯例。

复习思考题

1. 简述茶叶中的主要化学成分。

2. 茶多酚的种类与特性有哪些？

3. 简述茶多酚的氧化产物。

4. 简述茶叶中的色素和茶汤的关系。

5. 茶叶中的芳香物质有哪些？

6. 简述茶与健康关系研究的起源与发展。

7. 简述茶对人身体的保健效果。

8. 简述科学饮茶的一些常识。

项目 8

食品与茶叶营养卫生

食品与茶叶营养卫生 {
　食品与茶叶卫生基础知识 {
　　食品营养卫生基础知识
　　茶叶营养卫生基础知识
　}
　饮食业食品卫生制度 {
　　食品安全法规
　　茶叶的卫生制度
　}
}

食品与茶叶卫生基础知识

8.1.1 食品营养卫生基础知识

茶叶是供人饮用的物品，属于食品中的一种，其主要功能为营养功能和感官功能。科学健康营养卫生地饮茶，需要掌握茶叶的营养卫生，而要掌握茶叶的营养卫生，则首先需要了解食品营养卫生。

食品是人类生存的物质基础，所以食品的卫生安全十分重要。食品卫生是指食品从生产、加工、贮藏、运输、销售、烹调直至最后食用的各个环节中均能保持良好、完整和安全。食品安全是指食品无毒、无害，符合应当有的营养要求，对人体健康不造成任何急性、亚急性或者慢性危害。营养是指人体从外界摄取食物，经过消化、吸收、代谢和排泄，利用食物中的营养素满足机体生理需要的过程。营养又称营养作用或营养生理过程。营养素是指机体为了维持生存、生长发育、体力活动和健康，以食物的形式摄入的一些需要的物质。现代医学研究表明，人体所需的营养素不下百种，其中一些可由自身合成、制造，但无法自身合成、制造必须由外界摄取的约有40余种，精细分类后，可概括为七大人体所必需的营养素：蛋白质、脂类、碳水化合物、矿物质、维生素、水和膳食纤维。

食品中不仅含有营养素，也含有可能对人体有害、有毒的化学成分，在对食品进行加工、运输、储存和销售的过程中，不正确的处理方式或者意外情况，食品可能会受到污染或者食品成分发生化学变化产生对人体有害的物质。掌握食品卫生安全知识，就是要掌握食品及外界环境因素中可能存在的、威胁人体健康的有害因素及其预防措施，以改善这些因素的卫生要求，达到预防疾病，提高食品卫生质量，保护饮食者安全，增进人体健康和提高劳动能力的目的。

8.1.2 茶叶营养卫生基础知识

目前，茶叶经分离、鉴定的已知化合物有700多种，其中大部分化合物为人体所需营养素。

（1）蛋白质和氨基酸　蛋白质是同生命及各种形式的生命活动联系在一起的物质，是生命的物质基础，可以说，没有蛋白质就没有生命。茶叶中的蛋白质占茶叶干重的20%～30%，但是能溶于水的蛋白质仅仅有1%～2%，这部分蛋白质可以形成茶汤的滋味。氨基酸是构成蛋白质的基本物质，占茶叶干重的1%～4%，茶叶中的氨基酸除了构成蛋白质的20种天然氨基酸之外，还有6种非蛋白质氨基酸，它们是茶氨酸、豆叶氨酸、谷氨酰甲胺、γ-

氨基丁酸、天冬酰乙胺、β-丙氨酸。其中，茶氨酸是茶叶中最主要的氨基酸，占茶叶游离氨基酸的 50% 以上。

蛋白质对人体的生理功能主要为三个方向：组成和修复组织；生理、代谢调节功能；供给能量。人体蛋白质是由 20 种氨基酸构成的。根据氨基酸在人体中的合成方式，将氨基酸分为必需氨基酸、半必需氨基酸、非必需氨基酸。必需氨基酸在体内不能自行合成，或合成速率不能满足机体需要，必须由食物供给；半必需氨基酸也称为条件必需氨基酸，可自身合成，但必须以必需氨基酸为原料；非必需氨基酸在人体内可以自身合成满足需要的氨基酸。按照蛋白质中必需氨基酸的含量，可将食物中蛋白质分为完全蛋白质、半完全蛋白质、不完全蛋白质。必需氨基酸种类齐全、数量充足，各种氨基酸比例与人体所含氨基酸的比例比较接近的蛋白质，称为完全蛋白质。这种蛋白质既能保证人体的正常生长需要，又能促进儿童的生长发育，是一类优质蛋白质。如乳类中的乳清蛋白、酪蛋白，蛋类中的卵白蛋白，鱼类、肉类中的肌蛋白，大豆中的大豆球蛋白等都属于完全蛋白质。必需氨基酸种类比较齐全，但各种氨基酸之间的比例不合适，不能满足人体需要的蛋白质称为半完全蛋白质。这类蛋白质若作为膳食中唯一的蛋白质来源时可维持生存，但不能促进生长发育，如谷蛋白、玉米蛋白等。不完全蛋白质组成中缺乏一种或几种人体必需氨基酸，当把这类蛋白质作为膳食中唯一的蛋白质来源时，既不能促进生长发育，也不能维持生存。茶叶中的蛋白质属于半完全蛋白。

（2）脂类　脂类是一大类具有生物学作用的有机化合物，是脂肪和类脂的总称，不溶于水。脂肪由多种脂肪酸构成，按照脂肪酸的饱和程度可以将脂肪酸分为饱和脂肪酸、单不饱和脂肪酸、多不饱和脂肪酸。饱和脂肪酸不含双键，单不饱和脂肪酸只含有一个双键，多不饱和脂肪酸含有两个以上双键。必需脂肪酸是指机体不能合成，必须从食物中摄取的脂肪酸，目前公认的有亚油酸和亚麻酸。类脂又称为复合脂肪，包括磷脂和固醇类。茶叶中的类脂类物质包括脂肪、磷脂、甘油酯、糖脂和硫脂等，含量占干物质总量的 8% 左右，对形成茶叶香气有着积极作用。类脂类物质在茶树体的原生质中，对进入细胞的物质渗透起着调节作用。脂类对人身体的功能有：为人体供给和储存能量，构成机体的组织，促进脂溶性维生素吸收，维持体温，保护内脏器官，增加饱腹感，提高食物感官性状，提供必需脂肪酸。

（3）碳水化合物　碳水化合物也称为糖类，是由碳、氢、氧三种元素组成的一类多羟基醛或多羟基酮化合物，营养学上，一般将其分为单糖、双糖、低聚糖和多糖四类。

单糖：是指不能水解成更简单糖的碳水化合物，在结构上由 3~7 个碳原子构成。单糖具有醛基或酮基，有醛基者称为醛糖，有酮基者称为酮糖。食物中的单糖主要包括葡萄糖、果糖、半乳糖等。

双糖：由两分子单糖缩合而成。营养学上有意义的双糖有蔗糖、麦芽糖、乳糖三种。

低聚糖：指由 3~10 个单糖构成的小分子多糖，可再进行分类。水解产生的所有糖分子都是葡萄糖的称为麦芽糖低聚糖；由3个葡萄糖分子组成的称为麦芽三糖；4个葡萄糖分子组成的称为麦芽四糖等；水解时产生不止一种单糖的称为杂低聚糖。比较重要的低聚糖包括棉子糖和水苏糖。

多糖：由10个以上单糖组成的大分子糖。其中一部分可被人体消化吸收，如糖原、淀粉等，另一部分不能被人体消化吸收，如纤维素。营养学上具有重要作用的多糖包括糖原、淀粉和纤维素等。

茶叶中的糖类占干物质总量的25%~40%，其中，单糖主要有果糖、葡萄糖等，以游离态或糖苷形式存在。双糖主要是蔗糖。可溶性的单糖、双糖含量为0.8%~4%，参与组成茶叶的滋味。多糖包括淀粉、纤维素、果胶等，其中水溶性果胶是形成干茶外形光泽度和茶汤厚度的主要成分。茶叶中不仅有糖基与糖基构成的多糖（如纤维素），也有糖基与蛋白质结合构成的酸性多糖或酸性糖蛋白，简称茶多糖。茶多糖在茶的粗老叶中含量较高，在嫩叶中含量较低。碳水化合物对人身体的功能有：为人体供给和储存能量，构成机体组织及重要生命物质，节约蛋白质，抗生酮，保肝解毒，增强肠道机能，提供活性多糖。

（4）矿物质 食品中除碳、氢、氧、氮组成有机化合物外，其余的各种元素均称为矿物质，又称无机盐或灰分。营养学上根据矿物质在人体内含量的多少将其分为常量元素和微量元素。常量元素又称宏量元素，指含量占体重的0.01%以上或每日膳食需要量在100毫克以上的矿物质，有钙、磷、钾、钠、氯、硫、镁7种；微量元素又称痕量元素，在人体内浓度很低，含量小于体重的0.01%或每人每日膳食需要量为微克至毫克的矿物质。人体必需的微量元素有铁、锌、硒、碘、钼、铜、钴、铬8种；可能必需的微量元素有硅、镍、硼、钒、锰5种；有潜在毒性，但低剂量可能具有人体必需功能的元素有氟、铅、镉、汞、砷、铝、锡、锂等8种。

矿物质在人体内不能合成，必须从食物和饮水中摄取。摄入体内的矿物质经机体新陈代谢，每天都有一定量随粪、尿、汗排出体外，或随头发、指甲及皮肤黏膜脱落而排出体外，因此，矿物质必须不断从膳食中供给。另外，矿物质在人体内分布极不均匀。如钙和磷主要分布在骨骼和牙齿，铁分布在红细胞，碘集中在甲状腺，钴分布在造血系统，锌分布在肌肉组织等。而且，矿物质相互之间存在协同或拮抗作用。某些微量元素在体内虽需要量很少，但因其生理剂量与中毒剂量范围较窄，摄入过多易产生毒性。矿物质对人身体的生理功能：是构成机体组织的重要组分，是细胞内外液的成分，维持体内酸碱平衡，参与构成功能性物质，维持神经和肌肉的正常兴奋性及细胞膜的通透性。

茶鲜叶中的无机成分总称为"灰分"，占鲜叶干重的4%~7%。其中含量最多的是磷、钾，其次是钙、镁、铁、锰、铝、硫、硅，微量成分有锌、铜、氟等20余种。根据灰分溶解性不同，可分为水溶性灰分和非水溶性灰分两种。一般而言，水溶性灰分含量与茶叶品质呈正相关。鲜叶越幼嫩，含钾、磷较多，水溶性灰分含量越高，茶叶品质越好。随着茶芽新梢的生长，叶片逐渐成熟，钙、镁等含量增加，总灰分含量增加，而水溶性灰分含量减少，茶叶品质下降。

（5）维生素　维生素是人和动物为维持正常的生理功能而必须从天然食物中获得的一类微量的低分子有机化合物，在人体生长、代谢、发育过程中发挥着重要的作用。维生素在体内的含量很少，但不可缺少，各种维生素的化学结构及性质虽然不同，却有着以下共同点：大多数的维生素，机体不能合成或合成量不足，不能满足机体的需要，必须经常通过食物获得。人体对维生素的需要量很小，日需要量常以毫克或微克计算，但一旦缺乏就会引发相应的维生素缺乏症，对人体健康造成损害。维生素既不供给机体能量，也不参与机体构成，它的作用主要是参与机体代谢活动的调节。某些维生素非常敏感，遇到光、热、酸、碱、氧气会被破坏，失去功效，所以在加工、保存、食用时要特别注意。

根据维生素的溶解性，维生素可分为脂溶性维生素和水溶性维生素两大类。脂溶性维生素在脂肪存在的情况下吸收较好，任何促进和增加脂肪吸收的因素都可以促进其吸收。脂溶性维生素主要包括维生素 A、维生素 D、维生素 E、维生素 K 等。水溶性维生素的吸收较为简单，由于易溶于水而不易溶于非极性有机溶剂，吸收后体内贮存很少，过量的维生素多从尿中排出。水溶性维生素包括维生素 C（抗坏血酸）、维生素 B_1（硫胺素）、维生素 B_2（核黄素）、维生素 B_3（烟酸）、维生素 B_{11}（叶酸）、类维生素 P（儿茶素和黄酮类物质）、维生素 B_5（泛酸）和肌醇等。不同的维生素对人体有不同的生理功能，维生素 C 对人体的生理功能：参与生物的氧化还原反应，具有促进体内抗体形成、促进铁的吸收等作用；参与羟化反应，具有促进胶原蛋白的合成等作用；还具有清除机体自由基、预防癌症等生理作用。维生素 E 对人体的生理功能：抗氧化作用，是最重要和最有效的生物抗氧化剂；保证红细胞的完整性；抗衰老、抗肿瘤作用等。据分析，茶叶鲜叶中的维生素以维生素 C 含量最多，由于其属于还原性物质，在制茶过程中很容易被氧化破坏。如红茶发酵过程中，维生素 C 被大量氧化。绿茶在杀青、干燥过程中，维生素 C 受高温影响仅被部分破坏。所以绿茶中的维生素 C 含量比红茶高得多。

（6）膳食纤维　膳食纤维主要来源于植物细胞壁，包括纤维素、半纤维素、果胶、树胶、木质素等。膳食纤维不能被人体消化吸收。膳食纤维可分为非可溶性膳食纤维和可溶性膳食纤维两大类。非可溶性膳食纤维包括纤维素、半纤维素、木质素，它们是植物细胞壁的组成成分，来源于禾谷和豆类种子的外皮及植物的茎和叶。可溶性膳食纤维包括果胶、树胶等在特定 pH 溶液中可以溶解的膳食纤维，它们主要存在于细胞间质。

膳食纤维对人体的生理作用：增加饱腹感，促进食物的消化；降低血胆固醇，预防冠心病；预防胆结石形成；维持血糖正常平衡，防治糖尿病；改变肠道菌群；增强结肠功能，促进排便，预防结肠癌。

茶叶中的纤维素、半纤维素和木质素等，是茶树细胞壁的组成组分，是支撑茶树正常生长发育的重要生理物质。膳食纤维虽是不能被人体消化液分解的多糖类物质，但仍属于碳水化合物，其中包括果胶、树胶、海藻多糖、纤维素和半纤维素，以及不属于碳水化合物的木质素等。它们虽然对人体没有被吸收利用的直接营养功能，然而却是人体消化过程不可少的成分。根据测定，茶叶中纤维含量随地区和茶叶品种的不同而有较大的差异，茶叶中纤维含量介于 11%～40%，原料越粗老茶梗含量越多的茶叶，纤维含量越高。

8.2　饮食业食品卫生制度

8.2.1　食品安全法规

2009 年 2 月 28 日第十一届全国人民代表大会常务委员会第七次会议通过了《中华人民共和国食品安全法》，2015 年 4 月 24 日修订，2018 年 12 月 29 日进行修正，2019 年实施。

现摘取《中华人民共和国食品安全法》中的相关规定如下。

第五条　国务院设立食品安全委员会，其职责由国务院规定。国务院食品安全监督管理部门依照本法和国务院规定的职责，对食品生产经营活动实施监督管理。国务院卫生行政部门依照本法和国务院规定的职责，组织开展食品安全风险监测和风险评估，会同国务院食品安全监督管理部门制定并公布食品安全国家标准。国务院其他有关部门依照本法和国务院规定的职责，承担有关食品安全工作。

第二十六条　食品安全标准应当包括下列内容：

（一）食品、食品添加剂、食品相关产品中的致病性微生物，农药残留、兽药残留、生物毒素、重金属等污染物质以及其他危害人体健康物质的限量规定；

（二）食品添加剂的品种、使用范围、用量；

（三）专供婴幼儿和其他特定人群的主辅食品的营养成分要求；

（四）对与卫生、营养等食品安全要求有关的标签、标志、说明书的要求；

（五）食品生产经营过程的卫生要求；

（六）与食品安全有关的质量要求；

（七）与食品安全有关的食品检验方法与规程；

（八）其他需要制定为食品安全标准的内容。

第三十三条　食品生产经营应当符合食品安全标准，并符合下列要求：

（一）具有与生产经营的食品品种、数量相适应的食品原料处理和食品加工、包装、贮存等场所，保持该场所环境整洁，并与有毒、有害场所以及其他污染源保持规定的距离；

（二）具有与生产经营的食品品种、数量相适应的生产经营设备或者设施，有相应的消毒、更衣、盥洗、采光、照明、通风、防腐、防尘、防蝇、防鼠、防虫、洗涤以及处理废水、存放垃圾和废弃物的设备或者设施；

（三）有专职或者兼职的食品安全专业技术人员、食品安全管理人员和保证食品安全的规章制度；

（四）具有合理的设备布局和工艺流程，防止待加工食品与直接入口食品、原料与成品交叉污染，避免食品接触有毒物、不洁物；

（五）餐具、饮具和盛放直接入口食品的容器，使用前应当洗净、消毒，炊具、用具用后应当洗净，保持清洁；

（六）贮存、运输和装卸食品的容器、工具和设备应当安全、无害，保持清洁，防止食品污染，并符合保证食品安全所需的温度、湿度等特殊要求，不得将食品与有毒、有害物品一同贮存、运输；

（七）直接入口的食品应当使用无毒、清洁的包装材料、餐具、饮具和容器；

（八）食品生产经营人员应当保持个人卫生，生产经营食品时，应当将手洗净，穿戴清洁的工作衣、帽等；销售无包装的直接入口食品时，应当使用无毒、清洁的容器、售货工具和设备；

（九）用水应当符合国家规定的生活饮用水卫生标准；

（十）使用的洗涤剂、消毒剂应当对人体安全、无害；

（十一）法律、法规规定的其他要求。

第四十五条 食品生产经营者应当建立并执行从业人员健康管理制度。患有国务院卫生行政部门规定的有碍食品安全疾病的人员，不得从事接触直接入口食品的工作。从事接触直接入口食品工作的食品生产经营人员应当每年进行健康检查，取得健康证明后方可上岗工作。

第五十四条 食品经营者应当按照保证食品安全的要求贮存食品，定期检查库存食品，及时清理变质或者超过保质期的食品。食品经营者贮存散装食品，应当在贮存位置标明食品的名称、生产日期或者生产批号、保质期、生产者名称及联系方式等内容。

第五十五条 餐饮服务提供者应当制定并实施原料控制要求，不得采购不符合食品安全标准的食品原料。倡导餐饮服务提供者公开加工过程，公示食品原料及其来源等信息。餐饮服务提供者在加工过程中应当检查待加工的食品及原料，发现有本法第三十四条第六项规定情形的，不得加工或者使用。

第五十六条 餐饮服务提供者应当定期维护食品加工、贮存、陈列等设施、设备；定期清洗、校验保温设施及冷藏、冷冻设施。餐饮服务提供者应当按照要求对餐具、饮具进行清洗消毒，不得使用未经清洗消毒的餐具、饮具；餐饮服务提供者委托清洗消毒餐具、饮具的，应当委托符合本法规定条件的餐具、饮具集中消毒服务单位。

8.2.2　茶叶的卫生制度

根据《中华人民共和国食品安全法》中的相关规定，为完善和规范茶叶的生产与销售以及饮用，相关部门制定了相应的食品安全国家标准。茶叶在生产过程中需要执行的卫生指标，分别为：国家卫生健康委员会、农业农村部和国家市场监督管理总局发布的《食品安全国家标准　食品中农药最大残留限量》（GB 2763—2019）等 3 项食品安全国家标准，国家卫生和计划生育委员会、国家食品药品监督管理总局联合发布的《食品安全国家标准　食品中污染物限量》（GB 2762—2017）。这些国家标准规定了茶叶中农药最大残留等安全标准。

除了国家标准对茶叶卫生安全制定了相应标准，农业部门在指导茶园生产过程中，先后颁布过茶园农药使用 18 项国家标准，目的在于从源头上控制农药对茶叶的污染。随着人民生活水平的提高和环境意识的增强，对食品的安全质量要求越来越高。中华人民共和国农业部于 2001 年 4 月启动了"无公害食品行动计划"，同时还出台了相关保准，包括 2015 年发布的《无公害农产品　生产质量安全控制技术规范　第 6 部分：茶叶》（NY/T 2798.6—2015）、2018 年发布的《绿色食品　茶叶》（NY/T 288—2018）、2012 年最新发布的《有机茶》（NY 5196—2002）等茶叶行业标准。这些茶叶标准对茶叶的卫生安全质量有具体的要求。有机茶是指在原料生产过程中遵循自然规律和生态学原理，采取有益于生态和环境的可持续发展的农业技术，不使用合成的农药、肥料及生长调节剂等物质，在加工过程中不使用合成的食品添加剂的茶叶及相关产品。而无公害茶在生产过程中，可以限量使用允许使用的化肥及低残留低残毒的农药，保证茶叶产品对人体健康无影响。从茶叶卫生安全等级划分，有机茶高于绿色食品，绿色食品高于无公害茶。

茶叶除了自身的卫生安全很重要，在饮用的过程涉及的水和器具的卫生安全也很重要。泡茶用水的卫生指标可依照中华人民共和国国家标准委员会和卫生部于 2006 年 12 月 29 日联合发布的《生活饮用水卫生标准》（GB 5749—2006）。饮用茶叶过程中使用的器具卫生指标可依照 2016 年中华人民共和国国家卫生和计划生育委员会发布的《食品安全国家标准　食品接触材料及制品通用安全要求》（GB 4806.1—2016）、《食品安全国家标准　陶瓷制品》（GB 4806.4—2016）、《食品安全国家标准　玻璃制品》（GB 4806.5—2016）、《食品安全国家标准　食品接触用金属材料及制品》（GB 4806.9—2016）和《食品安全国家标准　食品接触用涂料及涂层》（GB 4806.10—2016）的标准执行。

复习思考题

1. 了解茶叶营养卫生的基本知识。

2. 如何通过不同的饮茶方式来充分利用茶叶中的营养物质？

3. 简述有机茶和无公害茶的定义。

4. 了解茶叶的卫生制度。

5. 简述茶叶中含有的维生素种类及对人体的生理作用。

6. 简述茶叶中含有的膳食纤维及对人体的生理作用。

7. 简述《GB 2763—2019》规定中茶叶的 30 种农药最大残留限量。

项目 **9**

劳动安全基本知识

劳动安全基本知识 { 安全生产知识 { 安全生产基本概念

安全生产的相关常识

安全防护知识 { 操作间安全管理规范

其他安全管理规范

安全生产事故报告知识

9.1　安全生产知识

9.1.1　安全生产基本概念

安全泛指没有危险、不受威胁和不出事故的状态。而生产过程中的安全是指不发生工伤事故、职业病、设备设施或财产损失的状况，也就是指人员不受伤害、物品不受损失。要保证生产作业过程中的作业安全就要努力改善劳动条件，克服不安全因素，杜绝违章行为，防止发生伤亡事故。

事故是指造成死亡、疾病、伤害和财产损失的意外事件。事故就是以人为主体与能量系统关联中突发的与人的期望和意志相反的事件，也就是说事故就是意外的变故或灾祸。伤亡事故是指员工在劳动过程中发生的人身伤害和急性中毒等意外事故。

危害是指可能造成人员伤亡、疾病、财产损失、工作环境破坏的根源或状态。危害辨识是指识别危害的存在并确定其性质的过程。

危险源就是危险的根源，是指可能导致人员伤亡或物质损失事故的潜在的不安全因素。危险源一般分为两类：第一类危险源是指在生产过程中存在的可能发生意外释放的能量或危险物质，如电能、有毒化学物质等；第二类危险源是指导致能量或危险物质约束或限制措施破坏或实效故障的各种因素，主要包括物质的故障，人为失误和环境破坏因素。第二类在茶馆中比较少见，但是现代茶饮用到的一些压力容器和压力炊具应该也属于这类危险源。

安全生产是指为了使劳动过程在符合安全要求的物质条件和工作秩序下进行防止伤亡事故、设备事故及各种灾祸的发生，保障劳动者的安全健康和生产作业过程的正常进行而采取的各种措施和从事的一切活动。

9.1.2　安全生产的相关常识

安全生产方针是：安全第一、预防为主、综合治理。

安全生产理念：以人为本，安全发展。

安全生产的目的：防止和减少事故，甚至不发生事故，保障员工生命和财产安全。

通常所说的"三违"：违章指挥、违规作业、违反劳动纪律。

安全隐患治理"五到位"：措施到位、责任到位、资金到位、时限到位、预案到位。

"四不伤害"指：我不伤害自己、我不伤害他人、我不被他人伤害、我保护他人不受伤害。

事故调查处理"四不放过"：原因未查清不放过，员工未受到教育不放过，防范措施未落实不放过，责任人员未受到处理不放过。

员工有依法获得安全生产保障的权利，也应当依法履行安全生产方面的义务。

员工有权了解其作业场所和工作岗位存在的危险因素、防范措施及事故应急措施，有权对本单位安全生产工作提出建议。

员工应当接受安全生产教育和培训，掌握本职工作所需的安全生产知识，提高安全生产技能，增强事故预防和应急处理能力。

员工在作业过程中，应当严格遵守安全生产规章制度和操作规程，服从管理，正确佩戴和使用劳动防护用品。

9.2 安全防护知识

9.2.1 操作间安全管理规范

安全事故通常是由于职工疏忽大意造成的。在繁忙的茶馆、茶餐厅工作时间内，如果不重视安全事故的预防，跌伤、摔伤、撞伤、切伤、烫伤和火灾等事故极易发生。因此，预防生产安全事故的发生，必须使员工懂得各种安全事故的发生原因和预防措施，并且加强安全管理。

（1）一般安全管理规范 预防跌伤、摔伤、撞伤，在茶馆或茶餐厅中跌伤与摔伤多发生在水吧、操作间通道和门口处。因此，必须有足够的照明设备和充分的防滑措施及友情提醒等，尤其应注意过道。

茶馆工作人员还要注意预防烫伤。烫伤在茶馆或茶餐厅中较为多发，主要是由于员工工作粗心造成的。员工在忙乱中偶然接触到开水、炭火炉、热壶、热锅和蒸汽等就会造成烫伤。预防措施：加强员工的安全意识培训；使用热水器的开关时，应当小心谨慎；不要将容器内的开水装得太满；要经常检查蒸泡茶壶和烧水壶汽孔的位置，防止出现漏气伤人事故。预防电击伤。电击伤占很少比例，但危害很大，应当特别注意。现在在茶馆和茶餐厅中电器使用的比例较高，电击伤发生的主要原因是设备老化、电线有破损处或接线点处理不当、湿手接触电气设备等。预防措施：所有电气设备都应该安全规范安装使用。在容易发生触电事故的地方涂上标记，以提醒员工注意。

（2）重点安全管理规范 慎防火灾这句话茶馆、茶餐厅工作人员尤其要谨记，现代很多茶馆使用炭火炉烹煮茶水，燃烧使用火种频繁，稍有不慎，极易引发火灾。引发火灾的原因多种多样，烹煮燃烧、未熄灭的烟蒂、电线漏电、燃气漏气等都会引发火灾。防火注意事项有如下几点：工作时切勿抽烟，也尽量要求客人不抽烟，未熄灭的烟蒂不要乱放；保持逃生通路畅通；易燃、易爆危险物品不可靠近火源；酒精、燃气钢瓶、火柴等，不可放置于炉具或电源插座附近；使用的工具应避免油腻；用电器煮茶水，须防水烧干起火，用电切勿利用分叉或多口插座同时使用多项电器，以免超过负荷，致使电线过载，引发火灾；切勿用水泼洒，以防漏电伤人；所有有关供电工程，都由专业电工完成；平日可定期检查燃气管及接头处是否有漏气现象，所用燃气管应以金属制品代替橡胶制品，可防虫咬或鼠咬；茶巾、抹布不要摆在烤箱或正在烧水的电茶炉上烘干；如闻到烟味，应立即查看热源处，并搜寻每一个垃圾桶中是否有未熄灭的烟蒂或火柴；每日工作结束时，必须清理各茶台和操作间，检查电源及燃气、热源等各种开关是否关闭；防火检查不可遗忘，以防万一；平时要加强员工消防宣传力度，使员工熟知救灾常识，实施救灾编组，培训正确使用消防器材的方法。

9.2.2　其他安全管理规范

（1）防盗　每天第一个抵达工作现场的员工，应先查看四周，并检查窗户有无破损，门是否打开，冰柜门是否开着，以及其他任何可疑的征兆。

还要防止内部人员偷窃。茶馆、茶餐厅中人多事杂，须注意防范。

（2）假币识别　员工要掌握一定的假币识别知识和处理经验，以防造成损失。验钞机是必备的。

（3）停电处理规范　查明停电原因和修复时间。切断总电源及厨房的所有分电源。在不能保证安全的情况下，要停止所有营业项目。供电恢复后，分次打开灯及其他电源，检视电路、冰箱、冷气、制冰机等。

（4）停水处理规范　查明原因，区分自来水厂地区性停水或大楼停水或本店停水。立即集中处理所有脏杯、碟等容器。关掉冷暖气系统，只留送风。如果可能，所有餐点饮料使用外带纸盒、纸杯包装，以减少杯盘的使用。在恢复供水前，水龙头等放水设备的开关应处于关闭状态。

9.2.3　安全生产事故报告知识

《生产安全事故报告和调查处理条例》自 2007 年 6 月 1 日起施行。现摘取部分内容如下。

第一章　总　　则

第四条　事故报告应当及时、准确、完整，任何单位和个人对事故不得迟报、漏报、谎报或者瞒报。

第二章　事　故　报　告

第九条　事故发生后，事故现场有关人员应当立即向本单位负责人报告；单位负责人接到报告后，应当于 1 小时内向事故发生地县级以上人民政府安全生产监督管理部门和负有安全生产监督管理职责的有关部门报告。

　　第十一条　安全生产监督管理部门和负有安全生产监督管理职责的有关部门逐级上报事故情况，每级上报的时间不得超过 2 小时。

　　第十三条　事故报告后出现新情况的，应当及时补报。

　　第十四条　事故发生单位负责人接到事故报告后，应当立即启动事故相应应急预案，或者采取有效措施，组织抢救，防止事故扩大，减少人员伤亡和财产损失。

　　第十六条　事故发生后，有关单位和人员应当妥善保护事故现场以及相关证据，任何单位和个人不得破坏事故现场、毁灭相关证据。

第三章　事　故　调　查

　　第十九条　特别重大事故由国务院或者国务院授权有关部门组织事故调查组进行调查。重大事故、较大事故、一般事故分别由事故发生地省级人民政府、设区的市级人民政府、县级人民政府负责调查。省级人民政府、设区的市级人民政府、县级人民政府可以直接组织事故调查组进行调查，也可以授权或者委托有关部门组织事故调查组进行调查。未造成人员伤亡的一般事故，县级人民政府也可以委托事故发生单位组织事故调查组进行调查。

第四章　事　故　处　理

　　第三十三条　事故发生单位应当认真吸取事故教训，落实防范和整改措施，防止事故再次发生。防范和整改措施的落实情况应当接受工会和职工的监督。

复习思考题

1. 了解安全生产的相关常识。
2. 了解茶馆安全营运的相关知识。

附 录

附录 A 《中华人民共和国劳动法》相关内容

1994 年 7 月 5 日第八届全国人民代表大会常务委员会第八次会议通过；2009 年 8 月 27 日第一次修正；2018 年 12 月 29 日第二次修正。现摘取部分内容如下。

第一章 总 则

第三条 劳动者享有平等就业和选择职业的权利、取得劳动报酬的权利、休息休假的权利、获得劳动安全卫生保护的权利、接受职业技能培训的权利、享受社会保险和福利的权利、提请劳动争议处理的权利以及法律规定的其他劳动权利。

劳动者应当完成劳动任务，提高职业技能，执行劳动安全卫生规程，遵守劳动纪律和职业道德。

第四条 用人单位应当依法建立和完善规章制度，保障劳动者享有劳动权利和履行劳动义务。

第四章 工作时间和休息休假

第四十一条 用人单位由于生产经营需要，经与工会和劳动者协商后可以延长工作时间，一般每日不得超过一小时；因特殊原因需要延长工作时间的，在保障劳动者身体健康的条件下延长工作时间每日不得超过三小时，但是每月不得超过三十六小时。

第四十四条 有下列情形之一的，用人单位应当按照下列标准支付高于劳动者正常工作时间工资的工资报酬：

（一）安排劳动者延长工作时间的，支付不低于工资的百分之一百五十的工资报酬；

（二）休息日安排劳动者工作又不能安排补休的，支付不低于工资的百分之二百的工资报酬；

（三）法定休假日安排劳动者工作的，支付不低于工资的百分之三百的工资报酬。

第四十五条 国家实行带薪年休假制度。

劳动者连续工作一年以上的，享受带薪年休假。具体办法由国务院规定。

第五章　工　资

第四十七条　用人单位根据本单位的生产经营特点和经济效益，依法自主确定本单位的工资分配方式和工资水平。

第五十条　工资应当以货币形式按月支付给劳动者本人。不得克扣或者无故拖欠劳动者的工资。

第五十一条　劳动者在法定休假日和婚丧假期间以及依法参加社会活动期间，用人单位应当依法支付工资。

第六章　劳动安全卫生

第五十二条　用人单位必须建立、健全劳动安全卫生制度，严格执行国家劳动安全卫生规程和标准，对劳动者进行劳动安全卫生教育，防止劳动过程中的事故，减少职业危害。

第五十六条　劳动者在劳动过程中必须严格遵守安全操作规程。

劳动者对用人单位管理人员违章指挥、强令冒险作业，有权拒绝执行；对危害生命安全和身体健康的行为，有权提出批评、检举和控告。

第七章　女职工和未成年工特殊保护

第六十一条　不得安排女职工在怀孕期间从事国家规定的第三级体力劳动强度的劳动和孕期禁忌从事的劳动。对怀孕七个月以上的女职工，不得安排其延长工作时间和夜班劳动。

第六十二条　女职工生育享受不少于九十天的产假。

第六十三条　不得安排女职工在哺乳未满一周岁的婴儿期间从事国家规定的第三级体力劳动强度的劳动和哺乳期禁忌从事的其他劳动，不得安排其延长工作时间和夜班劳动。

第八章　职　业　培　训

第六十八条　用人单位应当建立职业培训制度，按照国家规定提取和使用职业培训经费，根据本单位实际，有计划地对劳动者进行职业培训。

从事技术工种的劳动者，上岗前必须经过培训。

第六十九条　国家确定职业分类，对规定的职业制定职业技能标准，实行职业资格证书制度，由经备案的考核鉴定机构负责对劳动者实施职业技能考核鉴定。

第九章　社会保险和福利

第七十三条　劳动者在下列情形下，依法享受社会保险待遇：

（一）退休；

（二）患病、负伤；

（三）因工伤残或者患职业病；

（四）失业；

（五）生育。

劳动者死亡后，其遗属依法享受遗属津贴。

劳动者享受社会保险待遇的条件和标准由法律、法规规定。

劳动者享受的社会保险金必须按时足额支付。

第七十五条　国家鼓励用人单位根据本单位实际情况为劳动者建立补充保险。

国家提倡劳动者个人进行储蓄性保险。

附录 B　《中华人民共和国劳动合同法》相关内容

2007 年 6 月 29 日第十届全国人民代表大会常务委员会第二十八次会议通过，于 2012 年 12 月 28 日发布修订新版，自 2013 年 7 月 1 日起施行。现摘取部分内容如下。

第一章　总　　则

第三条　订立劳动合同，应当遵循合法、公平、平等自愿、协商一致、诚实信用的原则。

依法订立的劳动合同具有约束力，用人单位与劳动者应当履行劳动合同约定的义务。

第四条　用人单位应当依法建立和完善劳动规章制度，保障劳动者享有劳动权利、履行劳动义务。

用人单位在制定、修改或者决定有关劳动报酬、工作时间、休息休假、劳动安全卫生、保险福利、职工培训、劳动纪律以及劳动定额管理等直接涉及劳动者切身利益的规章制度或者重大事项时，应当经职工代表大会或者全体职工讨论，提出方案和意见，与工会或者职工代表平等协商确定。

在规章制度和重大事项决定实施过程中，工会或者职工认为不适当的，有权向用人单位提出，通过协商予以修改完善。

用人单位应当将直接涉及劳动者切身利益的规章制度和重大事项决定公示，或者告知劳动者。

第二章　劳动合同的订立

第七条　用人单位自用工之日起即与劳动者建立劳动关系。用人单位应当建立职工名册备查。

第八条　用人单位招用劳动者时，应当如实告知劳动者工作内容、工作条件、工作地点、职业危害、安全生产状况、劳动报酬，以及劳动者要求了解的其他情况；用人单位有权了解劳动者与劳动合同直接相关的基本情况，劳动者应当如实说明。

第九条　用人单位招用劳动者，不得扣押劳动者的居民身份证和其他证件，不得要求劳动者提供担保或者以其他名义向劳动者收取财物。

第十条　建立劳动关系，应当订立书面劳动合同。

第十九条　劳动合同期限三个月以上不满一年的，试用期不得超过一个月；劳动合同期限一年以上不满三年的，试用期不得超过二个月；三年以上固定期限和无固定期限的劳动合同，试用期不得超过六个月。

同一用人单位与同一劳动者只能约定一次试用期。

以完成一定工作任务为期限的劳动合同或者劳动合同期限不满三个月的，不得约定试用期。

试用期包含在劳动合同期限内。劳动合同仅约定试用期的，试用期不成立，该期限为劳动合同期限。

第二十条　劳动者在试用期的工资不得低于本单位相同岗位最低档工资或者劳动合同约定工资的百分之八十，并不得低于用人单位所在地的最低工资标准。

第三章　劳动合同的履行和变更

第三十条　用人单位应当按照劳动合同约定和国家规定，向劳动者及时足额支付劳动报酬。

用人单位拖欠或者未足额支付劳动报酬的，劳动者可以依法向当地人民法院申请支付令，人民法院应当依法发出支付令。

第三十一条　用人单位应当严格执行劳动定额标准，不得强迫或者变相强迫劳动者加班。用人单位安排加班的，应当按照国家有关规定向劳动者支付加班费。

第三十二条　劳动者拒绝用人单位管理人员违章指挥、强令冒险作业的，不视为违反劳动合同。

劳动者对危害生命安全和身体健康的劳动条件，有权对用人单位提出批评、检举和控告。

第四章　劳动合同的解除和终止

第三十六条　用人单位与劳动者协商一致，可以解除劳动合同。

第三十七条　劳动者提前三十日以书面形式通知用人单位，可以解除劳动合同。劳动者在试用期内提前三日通知用人单位，可以解除劳动合同。

第三十八条　用人单位有下列情形之一的，劳动者可以解除劳动合同：

（一）未按照劳动合同约定提供劳动保护或者劳动条件的；

（二）未及时足额支付劳动报酬的；

（三）未依法为劳动者缴纳社会保险费的；

（四）用人单位的规章制度违反法律、法规的规定，损害劳动者权益的；

（五）因本法第二十六条第一款规定的情形致使劳动合同无效的；

（六）法律、行政法规规定劳动者可以解除劳动合同的其他情形。

用人单位以暴力、威胁或者非法限制人身自由的手段强迫劳动者劳动的，或者用人单位违章指挥、强令冒险作业危及劳动者人身安全的，劳动者可以立即解除劳动合同，不需事先告知用人单位。

第三十九条　劳动者有下列情形之一的，用人单位可以解除劳动合同：

（一）在试用期间被证明不符合录用条件的；

（二）严重违反用人单位的规章制度的；

（三）严重失职，营私舞弊，给用人单位造成重大损害的；

（四）劳动者同时与其他用人单位建立劳动关系，对完成本单位的工作任务造成严重影响，或者经用人单位提出，拒不改正的；

（五）因本法第二十六条第一款第一项规定的情形致使劳动合同无效的；

（六）被依法追究刑事责任的。

附录 C　《中华人民共和国食品安全法》相关内容

2015年4月24日第十二届全国人民代表大会常务委员会第十四次会议通过，自2015年10月1日起施行；于2018年12月29日修正。现摘取部分内容如下。

第一章　总　则

第二条　在中华人民共和国境内从事下列活动，应当遵守本法：

（一）食品生产和加工（以下称食品生产），食品销售和餐饮服务（以下称食品经营）；

（二）食品添加剂的生产经营；

（三）用于食品的包装材料、容器、洗涤剂、消毒剂和用于食品生产经营的工具、设备（以下称食品相关产品）的生产经营；

（四）食品生产经营者使用食品添加剂、食品相关产品；

（五）食品的贮存和运输；

（六）对食品、食品添加剂、食品相关产品的安全管理。

供食用的源于农业的初级产品（以下称食用农产品）的质量安全管理，遵守《中华人民共和国农产品质量安全法》的规定。但是，食用农产品的市场销售、有关质量安全标准的制定、有关安全信息的公布和本法对农业投入品作出规定的，应当遵守本法的规定。

第四条　食品生产经营者对其生产经营食品的安全负责。

食品生产经营者应当依照法律、法规和食品安全标准从事生产经营活动，保证食品安全，诚信自律，对社会和公众负责，接受社会监督，承担社会责任。

第三章　食品安全标准

第二十五条　食品安全标准是强制执行的标准。除食品安全标准外，不得制定其他食品强制性标准。

第二十六条　食品安全标准应当包括下列内容：

（一）食品、食品添加剂、食品相关产品中的致病性微生物，农药残留、兽药残留、生物毒素、重金属等污染物质以及其他危害人体健康物质的限量规定；

（二）食品添加剂的品种、使用范围、用量；

（三）专供婴幼儿和其他特定人群的主辅食品的营养成分要求；

（四）对与卫生、营养等食品安全要求有关的标签、标志、说明书的要求；

（五）食品生产经营过程的卫生要求；

（六）与食品安全有关的质量要求；

（七）与食品安全有关的食品检验方法与规程；

（八）其他需要制定为食品安全标准的内容。

第四章　食品生产经营

第四十五条　食品生产经营者应当建立并执行从业人员健康管理制度。患有国务院卫生行政部门规定的有碍食品安全疾病的人员，不得从事接触直接入口食品的工作。

从事接触直接入口食品工作的食品生产经营人员应当每年进行健康检查，取得健康证明后方可上岗工作。

第四十六条　食品生产企业应当就下列事项制定并实施控制要求，保证所生产的食品符合食品安全标准：

（一）原料采购、原料验收、投料等原料控制；

（二）生产工序、设备、贮存、包装等生产关键环节控制；

（三）原料检验、半成品检验、成品出厂检验等检验控制；

（四）运输和交付控制。

第七章　食品安全事故处置

第一百零三条　发生食品安全事故的单位应当立即采取措施，防止事故扩大。事故单位和接收病人进行治疗的单位应当及时向事故发生地县级人民政府食品安全监督管理、卫生行政部门报告。

县级以上人民政府农业行政等部门在日常监督管理中发现食品安全事故或者接到事故举报，应当立即向同级食品安全监督管理部门通报。

发生食品安全事故，接到报告的县级人民政府食品安全监督管理部门应当按照应急预案的规定向本级人民政府和上级人民政府食品安全监督管理部门报告。县级人民政府和上级人民政府食品安全监督管理部门应当按照应急预案的规定上报。

任何单位和个人不得对食品安全事故隐瞒、谎报、缓报，不得隐匿、伪造、毁灭有关证据。

第一百零七条　调查食品安全事故，应当坚持实事求是、尊重科学的原则，及时、准确查清事故性质和原因，认定事故责任，提出整改措施。

调查食品安全事故，除了查明事故单位的责任，还应当查明有关监督管理部门、食品检验机构、认证机构及其工作人员的责任。

第一百零八条　食品安全事故调查部门有权向有关单位和个人了解与事故有关的情况，并要求提供相关资料和样品。有关单位和个人应当予以配合，按照要求提供相关资料和样品，不得拒绝。

任何单位和个人不得阻挠、干涉食品安全事故的调查处理。

附录 D　《中华人民共和国消费者权益保护法》相关内容

1993 年 10 月 31 日第八届全国人大常委会第四次会议通过，自 1994 年 1 月 1 日起施行；2009 年 8 月 27 日进行第一次修正；2013 年 10 月 25 日进行第二次修正，并于 2014 年 3 月 15 日正式实施。现摘取部分内容如下。

第一章　总　则

第二条　消费者为生活消费需要购买、使用商品或者接受服务，其权益受本法保护；本法未作规定的，受其他有关法律、法规保护。

第三条　经营者为消费者提供其生产、销售的商品或者提供服务，应当遵守本法；本法未作规定的，应当遵守其他有关法律、法规。

第四条　经营者与消费者进行交易，应当遵循自愿、平等、公平、诚实信用的原则。

第二章　消费者的权利

第七条　消费者在购买、使用商品和接受服务时享有人身、财产安全不受损害的权利。

消费者有权要求经营者提供的商品和服务，符合保障人身、财产安全的要求。

第八条　消费者享有知悉其购买、使用的商品或者接受的服务的真实情况的权利。

消费者有权根据商品或者服务的不同情况，要求经营者提供商品的价格、产地、生产者、用途、性能、规格、等级、主要成份、生产日期、有效期限、检验合格证明、使用方法说明书、售后服务，或者服务的内容、规格、费用等有关情况。

第十条　消费者享有公平交易的权利。

消费者在购买商品或者接受服务时，有权获得质量保障、价格合理、计量正确等公平交易条件，有权拒绝经营者的强制交易行为。

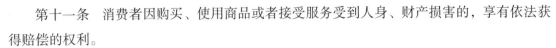

第十一条　消费者因购买、使用商品或者接受服务受到人身、财产损害的，享有依法获得赔偿的权利。

第三章　经营者的义务

第十八条　经营者应当保证其提供的商品或者服务符合保障人身、财产安全的要求。对可能危及人身、财产安全的商品和服务，应当向消费者作出真实的说明和明确的警示，并说明和标明正确使用商品或者接受服务的方法以及防止危害发生的方法。

宾馆、商场、餐馆、银行、机场、车站、港口、影剧院等经营场所的经营者，应当对消费者尽到安全保障义务。

第二十二条　经营者提供商品或者服务，应当按照国家有关规定或者商业惯例向消费者出具发票等购货凭证或者服务单据；消费者索要发票等购货凭证或者服务单据的，经营者必须出具。

第二十三条　经营者应当保证在正常使用商品或者接受服务的情况下其提供的商品或者服务应当具有的质量、性能、用途和有效期限；但消费者在购买该商品或者接受该服务前已经知道其存在瑕疵，且存在该瑕疵不违反法律强制性规定的除外。

经营者以广告、产品说明、实物样品或者其他方式表明商品或者服务的质量状况的，应当保证其提供的商品或者服务的实际质量与表明的质量状况相符。

经营者提供的机动车、计算机、电视机、电冰箱、空调器、洗衣机等耐用商品或者装饰装修等服务，消费者自接受商品或者服务之日起六个月内发现瑕疵，发生争议的，由经营者承担有关瑕疵的举证责任。

第二十四条　经营者提供的商品或者服务不符合质量要求的，消费者可以依照国家规定、当事人约定退货，或者要求经营者履行更换、修理等义务。没有国家规定和当事人约定的，消费者可以自收到商品之日起七日内退货；七日后符合法定解除合同条件的，消费者可以及时退货，不符合法定解除合同条件的，可以要求经营者履行更换、修理等义务。

依照前款规定进行退货、更换、修理的，经营者应当承担运输等必要费用。

第六章　争议的解决

第三十九条　消费者和经营者发生消费者权益争议的，可以通过下列途径解决：

（一）与经营者协商和解；

（二）请求消费者协会或者依法成立的其他调解组织调解；

（三）向有关行政部门投诉；

（四）根据与经营者达成的仲裁协议提请仲裁机构仲裁；

（五）向人民法院提起诉讼。

第四十条　消费者在购买、使用商品时，其合法权益受到损害的，可以向销售者要求赔偿。销售者赔偿后，属于生产者的责任或者属于向销售者提供商品的其他销售者的责任的，销售者有权向生产者或者其他销售者追偿。

消费者或者其他受害人因商品缺陷造成人身、财产损害的，可以向销售者要求赔偿，也可以向生产者要求赔偿。属于生产者责任的，销售者赔偿后，有权向生产者追偿。属于销售者责任的，生产者赔偿后，有权向销售者追偿。

消费者在接受服务时，其合法权益受到损害的，可以向服务者要求赔偿。

附录 E　《公共场所卫生管理条例》相关内容

《公共场所卫生管理条例》于 1987 年 4 月 1 日由国务院发布并实施；2016 年 2 月 6 日第一次修订；2019 年 4 月 23 日第二次修订。现摘取部分内容如下。

第一章　总　　则

第二条　本条例适用于下列公共场所：

（一）宾馆、饭馆、旅店、招待所、车马店、咖啡馆、酒吧、茶座；

（二）公共浴室、理发店、美容店；

（三）影剧院、录像厅（室）、游艺厅（室）、舞厅、音乐厅；

（四）体育场（馆）、游泳场（馆）、公园；

（五）展览馆、博物馆、美术馆、图书馆；

（六）商场（店）、书店；

（七）候诊室、候车（机、船）室、公共交通工具。

第三条　公共场所的下列项目应符合国家卫生标准和要求：

（一）空气、微小气候（湿度、温度、风速）；

（二）水质；

（三）采光、照明；

（四）噪音；

（五）顾客用具和卫生设施。

公共场所的卫生标准和要求，由国务院卫生行政部门负责制定。

第二章　卫　生　管　理

第六条　经营单位应当负责所经营的公共场所的卫生管理，建立卫生责任制度，对本单位的从业人员进行卫生知识的培训和考核工作。

第七条　公共场所直接为顾客服务的人员，持有"健康合格证"方能从事本职工作。患有痢疾、伤寒、病毒性肝炎、活动期肺结核、化脓性或者渗出性皮肤病以及其他有碍公共卫生的疾病的，治愈前不得从事直接为顾客服务的工作。

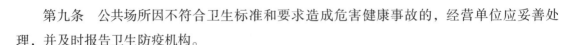

第九条　公共场所因不符合卫生标准和要求造成危害健康事故的，经营单位应妥善处理，并及时报告卫生防疫机构。

第三章　卫生监督

第十条　各级卫生防疫机构，负责管辖范围内的公共场所卫生监督工作。

民航、铁路、交通、厂（场）矿卫生防疫机构对管辖范围内的公共场所，施行卫生监督，并接受当地卫生防疫机构的业务指导。

第十一条　卫生防疫机构根据需要设立公共场所卫生监督员，执行卫生防疫机构交给的任务。公共场所卫生监督员由同级人民政府发给证书。

民航、铁路、交通、工矿企业卫生防疫机构的公共场所卫生监督员，由其上级主管部门发给证书。

第四章　罚　　则

第十四条　凡有下列行为之一的单位或者个人，卫生防疫机构可以根据情节轻重，给予警告、罚款、停业整顿、吊销"卫生许可证"的行政处罚：

（一）卫生质量不符合国家卫生标准和要求，而继续营业的；

（二）未获得"健康合格证"，而从事直接为顾客服务的；

（三）拒绝卫生监督的；

（四）未取得"卫生许可证"，擅自营业的。

罚款一律上交国库。

第十五条　违反本条例的规定造成严重危害公民健康的事故或中毒事故的单位或者个人，应当对受害人赔偿损失。

违反本条例致人残疾或者死亡，构成犯罪的，应由司法机关依法追究直接责任人员的刑事责任。

第十六条　对罚款、停业整顿及吊销"卫生许可证"的行政处罚不服的，在接到处罚通知之日起 15 天内，可以向当地人民法院起诉。但对公共场所卫生质量控制的决定应立即执行。对处罚的决定不履行又逾期不起诉的，由卫生防疫机构向人民法院申请强制执行。

第十七条　公共场所卫生监督机构和卫生监督员必须尽职尽责，依法办事。对玩忽职守，滥用职权，收取贿赂的，由上级主管部门给予直接责任人员行政处分。构成犯罪的，由司法机关依法追究直接责任人员的刑事责任。

模拟试题

一、单项选择题

1. 职业道德的概念有广义和狭义之分。广义的职业道德是指从业人员在职业活动中应该遵循的（　　）。

A. 行为准则　　　　B. 社会准则　　　　C. 行为规范　　　　D. 法律法规

2. 所谓（　　）是指茶艺从业人员在茶艺服务活动中必须遵守的行为准则，它是正常进行茶艺服务活动和履行职业守则的保证。

A. 职业纪律　　　　B. 职业道德　　　　C. 职业守则　　　　D. 职业规范

3. 职业道德是人们在职业工作和劳动中应遵循的与（　　）紧密相联的道德原则和规范总和。

A. 法律法规　　　　B. 文化修养　　　　C. 职业活动　　　　D. 政策规定

4. 茶艺师职业道德的基本准则，是指（　　）。

A. 遵守职业道德原则，热爱茶艺工作，不断提高服务质量

B. 精通业务，不断提高技能水平

C. 努力钻研业务，追求经济效益第一

D. 提高自身修养，实现自我提高

5. 钻研业务、精益求精具体体现在茶艺师不但要主动、热情、耐心、周到地接待品茶客人，而且必须（　　）。

A. 熟练掌握不同茶品的沏泡方法　　　　B. 专门掌握本地茶品的沏泡方法

C. 专门掌握茶艺表演方法　　　　D. 掌握保健茶或药用茶的沏泡方法

6. 开展道德评价时，（　　）对提高道德品质修养最重要。

A. 批评检查他人　　B. 相互批评　　　　C. 相互攀比　　　　D. 自我批评

7. 下列选项中，（　　）不属于培养职业道德修养的主要途径。

A. 努力提高自身技能　　　　B. 理论联系实际

C. 努力做到"慎独"　　　　D. 检点自己的言行

8. （   ）是世界现存最早介绍茶的一部专著，是中国乃至世界现存最早、最完整、最全面的茶叶专著，被誉为茶叶百科全书，为唐代陆羽所著。

    A.《大观茶论》   B.《品茗要录》   C.《茶经》   D.《茶谱》

9. 世界各产茶国的茶树都是直接或间接从中国引种的，茶最先传播到（   ）地区。

    A. 日本和朝鲜半岛   B. 韩国和朝鲜半岛

    C. 印度和斯里兰卡   D. 日本和英国

10. （   ）茶具是和其他食物共用的木制或陶制的碗，一器多用，没有专用茶具。

    A. 先秦时期   B. 西汉时期   C. 唐宋时期   D. 明清时期

11. 茶具这一概念最早出现于西汉时期（   ）中"武阳买茶，烹茶尽具"。

    A. 王褒《茶谱》   B. 陆羽《茶经》   C. 陆羽《茶谱》   D. 王褒《僮约》

12. 中国最早的茶画是唐代大画家阎立本的（   ），画中描绘了儒士和僧人共茗的场面。

    A.《步辇图》   B.《历代帝王像》   C.《职贡图》   D.《萧翼赚兰亭图》

13. 唐代著名狂草书法家（   ）的《苦笋贴》在书法界中是非常有名的，贴的内容是："苦笋及茗异常佳，乃可径来。"

    A. 颜真卿   B. 怀素   C. 王羲之   D. 怀仁

14. 陆羽在《茶经》中指出："其水，用山水上，（   ）中，井水下，其山水，拣乳泉、石池漫流者上。"

    A. 河水   B. 溪水   C. 泉水   D. 江水

15. 马来西亚传统喝的是"拉茶"，其用料与（   ）差不多，制作特点是用两个距离较远的杯子将茶倒来倒去。

    A. 果茶   B. 糖茶   C. 奶茶   D. 薄荷茶

16. （   ）又称"三生汤"，其主要原料是生茶叶、生姜、生米。

    A. 奶茶   B. 擂茶   C. 竹筒茶   D. 酥油茶

17. 根据地区的不同，擂茶可分为桃江擂茶、桃花源擂茶、（   ）、临川擂茶和将乐擂茶等。

    A. 安化擂茶   B. 凤凰擂茶   C. 台湾擂茶   D. 苏州擂茶

18. 姜盐豆子茶如单以（   ）加茶叶冲泡，则称为"豆子茶"。

    A. 青豆   B. 豌豆   C. 黄豆   D. 红豆

19. 罐罐茶可分为面罐茶和（   ）两种。

    A. 八宝茶   B. 酥油茶   C. 五福茶   D. 油炒茶

20. 法国人饮用的茶叶及采用的品饮方式因人而异，以饮用（   ）的人最多，饮法与英国人类似。

A. 红茶   B. 绿茶   C. 花茶   D. 白茶

21. 埃及人喜欢喝在茶汤中加（　　　）的浓厚醇冽的红茶。

A. 牛奶   B. 薄荷   C. 蔗糖   D. 果汁

22. 摩洛哥是（　　　）消费王国。

A. 红茶   B. 黑茶   C. 绿茶   D. 薄荷茶

23. 当日本宾客到茶艺馆品茶时，茶艺师应注意不要使用（　　　）图案茶具。

A. 龙凤   B. 鱼龙   C. 樱花   D. 荷花

24. 美国人四季都喜欢饮（　　　）。

A. 冰茶   B. 红茶   C. 绿茶   D. 柠檬茶

25. 在接待马来西亚客人时，不宜使用（　　　）茶具。

A. 绿色   B. 黄色   C. 橙红色   D. 宝蓝色

26. 在接待德国客人时，不要向其推荐（　　　）作为茶点。

A. 瓜子   B. 开心果   C. 核桃   D. 蚕豆

27. 在我国非物质文化遗产名录中，每批的名单中都不会少了茶的身影。不属于国家级绿茶非遗项目的是（　　　）。

A. 西湖龙井   B. 安吉白茶   C. 太平猴魁   D. 金坛雀舌

28. 宋代边茶贸易提高到了军国大计的位置上来，到（　　　）才被确定为一种政策，从此直至清朝，茶马贸易都是朝廷的重要国策。

A. 宋神宗熙宁七年（1074 年）   B. 宋英宗治平元年（1064 年）

C. 宋徽宗宣和七年（1125 年）   D. 宋太宗至道三年（997 年）

29. 斯里兰卡 1824 年引进中国种茶树，1839 年引进阿萨姆茶树，但从 1869 年才开始正式大面积种植茶树并生产红茶。英国人（　　　）被誉为斯里兰卡红茶之父。

A. 罗伯特·福琼   B. 詹姆斯·泰勒

C. 托马斯·立顿   D. 比埃尔·佩蒂

30. 南宋时日本高僧荣西禅师在中国学到了茶的加工方法，还将优质茶种带回日本传播，他于公元 1211 年写成了日本第一部饮茶专著（　　　）。

A. 《禅茶一味》   B. 《吃茶记》

C. 《吃茶养生记》   D. 《养生记》

31. 茶树性喜温暖、（　　　），通常气温在 18～25℃最适宜生长。

A. 干燥的环境   B. 湿润的环境   C. 避光的环境   D. 阴冷的环境

32. 茶树适宜在土质疏松、排水良好的（　　　）土壤中生长，以 pH 值在 4.5～5.5 最佳。

A. 中性   B. 酸性   C. 偏酸性   D. 微酸性

33. 绿茶的发酵度为零，故属于不发酵茶类，其茶叶颜色翠绿，茶汤（　　）。

A. 橙黄　　　　　B. 橙红　　　　　C. 黄绿　　　　　D. 绿黄

34. 红茶类属于全发酵茶类，故其茶叶颜色深红，茶汤呈（　　）。

A. 橙红色　　　　B. 朱红色　　　　C. 紫红色　　　　D. 黄色

35. 制作乌龙茶的鲜叶原料一般采摘两叶一芽，大都为对口叶，（　　）。

A. 芽叶幼嫩　　　B. 芽叶已老化　　C. 芽叶中熟　　　D. 芽叶已成熟

36. 基本茶类分为不发酵的绿茶类及（　　）的黑茶类等，共六大茶类。

A. 重发酵　　　　B. 后发酵　　　　C. 轻发酵　　　　D. 全发酵

37. 红茶、绿茶、乌龙茶的香气的主要特点是（　　）。

A. 红茶清香，绿茶甜香，乌龙茶浓香

B. 红茶甜香，绿茶花香，乌龙茶熟香

C. 红茶浓香，绿茶清香，乌龙茶甜香

D. 红茶甜香，绿茶板栗香，乌龙茶花香

38. 雨花茶是（　　）名优绿茶的代表。

A. 片形　　　　　B. 扁平形　　　　C. 针形　　　　　D. 卷曲形

39. 西湖龙井的产地是（　　）。

A. 梧州　　　　　B. 湖州　　　　　C. 苏州　　　　　D. 杭州

40. 江苏的洞庭山是（　　）的产地。

A. 大方茶　　　　B. 雨花茶　　　　C. 碧螺春　　　　D. 绿牡丹

41. 碧螺春的香气特点是（　　）。

A. 甜醇带蜜糖香　　　　　　　　　B. 甜醇带板栗香

C. 鲜嫩带蜜糖香　　　　　　　　　D. 鲜嫩带花果香

42. 特一级黄山毛峰的色泽是（　　）。

A. 碧绿色　　　　B. 灰绿色　　　　C. 青绿色　　　　D. 象牙色

43. 具有代表性的闽南乌龙茶有（　　）、黄金桂、永春佛手、毛蟹等。

A. 铁观音　　　　B. 大红袍　　　　C. 水仙　　　　　D. 肉桂

44. （　　）的香气高强有水蜜桃香，滋味清醇细长鲜爽，汤色金黄。

A. 铁观音　　　　B. 黄金桂　　　　C. 毛蟹　　　　　D. 本山

45. 武夷岩茶是（　　）乌龙茶的代表。

A. 闽北　　　　　B. 闽南　　　　　C. 台南　　　　　D. 台北

46. 凤凰单丛香型因各名丛树形、叶形不同而有差异，其中香气清醇浓郁具有自然兰花清香的称为（　　）。

A. 芝兰香单丛　　B. 杏仁香单丛　　C. 岭头单丛　　　D. 桂花香单丛

47. 在乌龙茶中（　　）程度最轻的茶是包种茶。

　　A. 发酵　　　　　　B. 晒青　　　　　　C. 包揉　　　　　　D. 烘炒

48. 茶树的叶片由叶片和叶柄组成，没有托叶，属于不完全叶。在枝条上为单叶互生，着生的状态因品种而不同，有直立状、（　　）、水平状、下垂状 4 种。

　　A. 半水平状　　　　B. 半直立状　　　　C. 半下垂状　　　　D. 卷曲状

49. 绿茶的加工基本工序是：摊晾→杀青→揉捻造型→干燥。其中杀青是关键步骤，其目的不正确的是（　　）。

　　A. 利用高温抑制酶活性，使茶叶保持绿色，形成绿茶清汤绿叶的品质特点

　　B. 利用高温去除青草气形成茶香

　　C. 利用高温除去一部分水分，使叶子变软，有利于揉捻成条或造型

　　D. 利用高温使茶叶熟化，降低苦涩

50. 下面不属于闽北乌龙的是（　　）。

　　A. 大红袍　　　　　B. 武夷水仙　　　　C. 凤凰水仙　　　　D. 肉桂

51. 育成品种一般指采用单株选择、人工杂交或诱变等手段育成的新品种。下面不属于育成品种的是（　　）。

　　A. 中茶 108　　　　B. 安徽 7 号　　　　C. 宁州 2 号　　　　D. 龙井种

52. 茶叶精制，就是对干毛茶进行进一步的加工整理，包括（　　）等过程，最终达到使茶叶整齐一致，符合各等级商品茶的规格要求。

　　A. 筛分、风选、复火、切断、拣剔、匀堆、装箱

　　B. 切断、筛分、风选、复火、匀堆、装箱

　　C. 匀堆、筛分、风选、复火、切断、拣剔

　　D. 筛分、拣剔、风选、切断、匀堆、复火、装箱

53. 红茶中（　　）是茶汤刺激性和鲜爽度的决定性成分。

　　A. 茶红素　　　　　B. 茶黄素　　　　　C. 茶褐素　　　　　D. 茶色素

54. 红茶中（　　）是茶汤红浓度和醇度的主体物质。

　　A. 茶红素　　　　　B. 茶黄素　　　　　C. 茶褐素　　　　　D. 茶色素

55. 茶叶审评通常分为外形审评和内质审评两个项目，其中外形审评包括（　　）四个因子。

　　A. 形状、粗细、色泽和净度　　　　　　　B. 大小、整碎、色泽和净度

　　C. 形状、整碎、色泽和净度　　　　　　　D. 形状、整碎、色泽和亮度

56. 茶叶感官审评嗅香气一般分为热嗅、温嗅和冷嗅三个步骤，以仔细辨别香气的纯异、高低及持久程度。热嗅（杯温约 75℃）是指一滤出茶汤或快速看完汤色即趁热闻嗅香气，此时最易辨别（　　）。

A. 香气的纯异   B. 香气的高低

C. 香气的持久性   D. 异气

57. 尝滋味一般在看完汤色和温嗅后进行，茶汤温度在（   ）较适宜。

A. 45~55℃   B. 55~65℃   C. 50~60℃   D. 40~65℃

58. 茶叶储存温度越高，品质变化越快。以绿茶的变化为例，在一定范围内，温度平均每升高10℃，茶叶的色泽褐变速度将增加（   ）。

A. 1~3 倍   B. 5~7 倍   C. 1~5 倍   D. 3~5 倍

59. 茶叶的保鲜条件是：茶叶含水量低于（   ）、避光、脱氧（容器内含氧量低于 0.1%）、低湿（空气相对湿度低于50%）、低温（5℃以下）及卫生干净的加工及贮藏条件。

A. 6%   B. 7%   C. 8%   D. 9%

60. 宋代哥窑的产地在（   ）。

A. 浙江杭州   B. 河南临汝   C. 福建建州   D. 浙江龙泉

61. 青花瓷是在（   ）上缀以青色文饰。

A. 玻璃   B. 黑釉瓷   C. 白瓷   D. 青瓷

62. 永宣青花瓷器是（   ）产生的。

A. 宋代   B. 元代   C. 明代   D. 现代

63. （   ）又称"三才碗"，蕴含"天盖之，地载之，人育之"的道理。

A. 兔毫盏   B. 玉书煨   C. 盖碗   D. 茶荷

64. 咸丰时期，民间窑茶具款识印（   ）章盛行。

A. 隶书   B. 篆书   C. 草书   D. 行书

65. （   ）特点是在紫砂壶上镌刻书画、题铭，融砂壶、诗文、书画于一体。

A. 孟臣壶   B. 曼生壶   C. 鸣远壶   D. 大亨壶

66. （   ）喝茶的茶具是木头雕刻的小碗，称"贡碗"，木碗花纹细腻，造型美观，具有散热慢的特点。

A. 藏族   B. 维吾尔族   C. 蒙古族   D. 苗族

67. （   ）盛装奶茶的高筒茶壶称"温都鲁"，一般用桦木制成，圆锥形，壶身有四五道金属籀，籀上刻有各色花纹。

A. 藏族   B. 维吾尔族   C. 苗族   D. 蒙古族

68. 我国（   ）按地区民俗可分为潮汕、台湾、闽南、武夷山等四大流派。

A. 花茶茶艺   B. 工夫茶艺   C. 擂茶茶艺   D. 绿茶茶艺

69. 泥色多变、耐人寻味、光泽美观是（   ）的优点之一。

A. 金属茶具   B. 紫砂茶具   C. 青瓷茶具   D. 漆器茶具

70. （   ）瓷器素有"薄如纸，白如玉，明如镜，声如磬"的美誉。

A. 福建德化　　　　　B. 湖南长沙　　　　　C. 浙江龙泉　　　　　D. 江西景德镇

71. 茶具款识印有"福""寿"的是（　　）产品。

A. 御窑　　　　　　　B. 民间窑　　　　　　C. 晋窑　　　　　　　D. 吉州窑

72. 清代著名金石家、书法家与画家（　　）热爱紫砂茶具，不仅自己收藏使用，还与很多紫砂工匠合作，设计了一些紫砂壶的样式，被后人称为"曼生十八式"。

A. 陈鸣远　　　　　　B. 陈鸿寿　　　　　　C. 惠孟臣　　　　　　D. 杨彭年

73. （　　）出现于南宋中晚期，是宋代五大名窑之一，特点是"胎薄如纸，釉厚如玉，釉面布满纹片，紫口铁足，胎色灰黑"。

A. 官窑　　　　　　　B. 定窑　　　　　　　C. 哥窑　　　　　　　D. 钧窑

74. 新中国成立后，紫砂壶七老艺人中除了顾景舟，还有任淦庭、（　　）、朱可心、裴石民、王寅春、蒋蓉等六人。

A. 汪寅仙　　　　　　B. 吴云根　　　　　　C. 顾绍培　　　　　　D. 周桂珍

75. 阿根廷人饮用马黛茶必不可少的三件器具：用空心葫芦制的马黛杯、（　　）和装热水的保温瓶或水壶。

A. 金属吸管　　　　　B. 塑料吸管　　　　　C. 竹吸管　　　　　　D. 纸吸管

76. 正式的英国下午茶，对于茶桌的摆饰、餐具、茶具、点心盘都非常讲究。道具包括：（　　）、滤网及放滤网的小碟子、杯具组、糖罐、奶盅瓶、三层点心盘、茶匙、个人点心盘、奶油刀、吃蛋糕的叉子、餐巾、放茶渣的碗。

A. 瓷器茶壶　　　　　B. 紫砂壶　　　　　　C. 陶壶　　　　　　　D. 柴烧壶

77. 明代紫砂"妙手"时大彬制作出很多知名紫砂壶型，下面不属于时大彬所设计壶型的是（　　）。

A. 六方壶　　　　　　B. 三足盖壶　　　　　C. 僧帽壶　　　　　　D. 东陵壶

78. （　　）是我国第一部品评水质的专著，开启了后代文人品水的先河。

A.《煎茶水记》　　B.《大明水记》　　C.《煮泉小品》　　D.《水品》

79. 唐代陆羽将宜茶用水分为二十等，其中第一等水为（　　）。

A. 扬州大明寺水　　　　　　　　　　B. 无锡县惠山寺石泉水

C. 苏州虎丘寺石泉水　　　　　　　　D. 庐山康王谷水帘水

80. 古人对泡茶水温十分讲究，认为如果"水老"则茶汤（　　）。

A. 新鲜度下降　　　B. 新鲜度提高　　　C. 鲜爽味提高　　　D. 鲜爽味减弱

81. 水之美的5项指标中，符合（　　）的水泡茶其茶汤特别鲜爽可口。

A. 水质要清　　　　B. 水温要冽　　　　C. 水体要轻　　　　D. 水源要活

82. 泡茶用水要求 pH 值（　　）。

A. 小于5　　　　　　B. 小于6　　　　　　C. 小于7　　　　　　D. 小于8

83. 当新鲜的水中含有低价氧化铁 0.1 毫克/升时，（   ）。

A. 茶汤发暗，滋味变淡　　　　　　　B. 茶汤变绿，滋味醇厚

C. 茶汤发暗，滋味醇厚　　　　　　　D. 茶汤变绿，滋味变淡

84. 茶汤中含有（   ）以上的铅时，味涩有毒。

A. 0.03 毫克/升　　B. 0.05 毫克/升　　C. 0.08 毫克/升　　D. 1 毫克/升

85. 大宗绿茶宜用（   ）的水冲泡。

A. 80~85℃　　　　B. 85~90℃　　　　C. 80~90℃　　　　D. 90~95℃

86. 在茶汤中含有（   ）的钙时，茶汤变坏带涩。

A. 1 毫克/升　　　B. 2 毫克/升　　　C. 3 毫克/升　　　D. 4 毫克/升

87. 下列关于陆羽烹茶择水的理解正确的是（   ）。

A. 选水以山泉水为上，"其瀑涌湍漱"的山水最适合煮茶

B. 井水不适合泡茶

C. 山泉水虽好，也不是所有的山泉水都可用来沏茶，山泉水也有优劣之分

D. 即使是远离人烟的江水，也不适合煮茶

88. 陆羽在《茶经》中对煮水的火候要求非常详细，他把沸水分为三个层次，其中第二沸的形容是（   ）。

A. 其沸，如鱼目，微有声　　　　　　B. 缘边如涌泉连珠

C. 腾波鼓浪　　　　　　　　　　　　D. 虾眼、蟹眼、鱼眼连珠

89. 苏廙在《十六汤品》中把不同容器煮出来的水分为 4 种，其中被称为富贵汤的水质是（   ）煮的。

A. 金银容器　　　B. 石器　　　　　C. 瓷器　　　　　D. 铜铁铅锡类的容器

90. （   ）一文中提到"精茗蕴香，借水而发，无水不可与论茶也"，说明了水与茶的关系。

A. 许次纾的《茶疏》　　　　　　　　B. 张源的《茶录》

C. 张大复的《梅花草堂笔谈》　　　　D. 陆羽的《茶经》

91. 冲泡茶叶的注水方式有定点低斟、悬壶高冲、定点旋冲、（   ）。

A. 绕圈式　　　　B. 覆盖式　　　　C. 直冲茶叶式　　　D. 断续式

92. 构成茶艺三"境"的，为心境、人境、物境。人境包括（   ）。

A. 人物等级、人数　B. 人才、人品　　C. 人数、人品　　　D. 人数、人物分类

93. 在各种茶叶的冲泡过程中，茶叶的用量、冲泡水温和（   ）是泡茶技巧的 3 个基本要素。

A. 水质　　　　　B. 壶温　　　　　C. 茶叶的浸泡时间　D. 水量

94. 饮茶方法从煎煮为主逐渐向冲泡为主发展是在（   ）。

A. 宋代   B. 元代   C. 清代   D. 明代

95. 明代饮茶的主要程序是备器、择水、取火、候汤、（   ）、冲泡、沥茶等。

A. 投茶   B. 碾茶   C. 磨茶   D. 罗茶

96. 茶文化的 3 个主要社会功能是（   ）。

A. 修身、齐家、人仕   B. 寡欲、清心、廉俭

C. 雅致、敬客、行道   D. 益思、明目、健身

97. 茶艺以茶叶的种类来分，可分为绿茶茶艺、白茶茶艺、黄茶茶艺、红茶茶艺、（   ）、黑茶茶艺。

A. 花茶茶艺   B. 普洱茶茶艺   C. 青茶茶艺   D. 油茶茶艺

98. 茶道具有一定的时代性和（   ）。

A. 艺术性   B. 宗教性   C. 民族性   D. 广阔性

99. 我国茶道成熟于（   ）。

A. 初唐   B. 中唐   C. 盛唐   D. 晚唐

100. 宋代在饮茶方法上，合于时代的、高雅的（   ）发展迅速。

A. 煮茶法   B. 点茶法   C. 泡茶法   D. 烹茶法

101. 宋代，文人们把饮茶与（   ）融为一体。

A. 文化活动   B. 经济活动   C. 民间活动   D. 日常生活

102. "龙凤茶"的创制，把我国古代（   ）的制作工艺推向了历史高峰。

A. 蒸青散茶   B. 炒青绿茶   C. 窨花制茶   D. 蒸青团茶

103. 斗茶的主要内容是评比（   ）技术和茶质优劣。

A. 调茶   B. 点茶   C. 分茶   D. 煮茶

104. 明代茶道简洁，但仍然强调（   ）、茶具、茶叶俱佳。

A. 气氛   B. 茶兴   C. 茶食   D. 水质

105. 茶道，成为现代人澡雪心灵、远离浮躁、陶冶情操、（   ）的一个重要途径。

A. 潜心静修   B. 修身养性   C. 天人合一   D. 杂念顿消

106. 咖啡因具弱碱性，能溶于水尤其是热水，通常在（   ）水温中即能溶解。

A. 75℃   B. 80℃   C. 85℃   D. 90℃

107. 绿茶中茶多酚含量一般为茶叶干物质的（   ）。

A. 10%~30%   B. 15%~35%   C. 20%~45%   D. 25%~50%

108. 有"冷后浑"说明红茶品质（   ）。

A. 已变质   B. 一般   C. 好   D. 差

109. 茶叶中的（   ）是著名的抗氧化剂，具有防衰老的作用。

A. 维生素 A   B. 维生素 C   C. 维生素 E   D. 维生素 D

110. 绿茶的汤色表现为黄绿明亮，这主要是由水溶性色素，如（　　）物质及其氧化产物、儿茶素类氧化产物等溶于水中形成的。

A. 叶黄素　　　　　　B. 糖甙物　　　　　　C. 黄酮类　　　　　　D. 花青素

111. 红碎茶滋味的浓强度主要与（　　）物质有关。

A. 果糖　　　　　　　B. 维生素　　　　　　C. 多酚类　　　　　　D. 矿物元素

112. 茶叶的保存应注意氧气的控制，维生素 C 的氧化及茶黄素、（　　）的氧化聚合都和氧气有关。

A. 茶褐素　　　　　　B. 茶色素　　　　　　C. 叶黄素　　　　　　D. 茶红素

113. 茶叶随着贮藏时间的延长，（　　）大量增加，致使茶汤黄褐不清。

A. 茶黄素　　　　　　B. 茶红素　　　　　　C. 茶褐素　　　　　　D. 叶绿素

114. 茶叶中的（　　）含量多少直接影响着茶汤的苦涩味。

A. 茶多酚　　　　　　B. 氨基酸　　　　　　C. 蛋白质　　　　　　D. 茶黄素

115. 迄今为止，已经分离鉴定的茶叶芳香物质超过 700 种，其中只有大约（　　）种是茶树鲜叶在生长中合成的，其余的则是在茶叶加工过程中形成的。

A. 100　　　　　　　B. 200　　　　　　　C. 60　　　　　　　　D. 80

116. 茶叶加工过程中，在高温下氨基与羰基共存时会引起（　　），最终会形成吡嗪类化合物，这种含氮化合物是茶叶的香气成分。

A. 美拉德反应　　　　B. 氧化反应　　　　　C. 氧化聚合反应　　　D. 水解反应

117. 人体所必需的营养素有蛋白质、脂类、（　　）、矿物质、维生素、水和膳食纤维等 7 类。

A. 碳水化合物　　　　B. 氨基酸　　　　　　C. 酸类　　　　　　　D. 碱类

118. 茶鲜叶中的无机成分总称为"灰分"，占鲜叶干重的 4%～7%，其中含量最多的是（　　），其次是锰、铝、硫、硅等，微量成分有锌、铜、氟等 20 余种。

A. 钙、钾　　　　　　B. 镁、铁　　　　　　C. 磷、钾　　　　　　D. 磷、铁

119. 茶叶的（　　）属于国家强制性标准内容。

A. 产品质量标准　　　　　　　　　　　　　B. 加工验收标准

C. 茶叶销售标准　　　　　　　　　　　　　D. 检验方法标准

120. 茶叶的（　　）属于国家强制性认证。

A. ISO9001 认证　　B. QS 认证　　　　　C. 有机食品认证　　　D. 无公害认证

121.《茶叶卫生标准》规定紧压茶中（　　）的含量不能超过 0.2 毫克/千克。

A. 氰戊菊酯　　　　　B. 联苯菊酯　　　　　C. 溴氰菊酯　　　　　D. DDT

122. 经营单位取得（　　）后，方能向工商行政管理部门申请登记，办理营业执照。

A. 卫生许可证　　　　B. 商标注册　　　　　C. 税务登记　　　　　D. 经营许可

123. 经过遮阴处理的茶树，咖啡因含量（　　）。

A. 较低　　　　　　B. 较高　　　　　　C. 与不遮阴一样　　　D. 为零

124. 安全生产方针是：安全第一、预防为主、综合治理。安全生产理念是（　　）。

A. 以人为本，安全生产　　　　　　B. 以人为本，安全发展

C. 以人为本，安全作业　　　　　　D. 以人为本，安全第一

125. 茶馆发生火灾后，应该拨打（　　）报警。

A. 110　　　　　　B. 120　　　　　　C. 119　　　　　　D. 911

126. 茶馆消防安全管理需要做好班前、班后安全教育，使每个员工都能掌握"一熟悉、三会"。一熟悉是熟悉消防器材；三会是会报警、会使用（　　）、会组织人员疏散。

A. 水枪　　　　　　B. 安全通道　　　　　C. 灭火器材　　　　D. 以上都不是

127. 国家实行劳动者每日工作时间不超过 8 小时、平均每周工作时间不超过（　　）的工时制度。

A. 44 小时　　　　　B. 45 小时　　　　　C. 46 小时　　　　　D. 48 小时

128. 国家对女职工和未成年工实行特殊劳动保护。未成年工是指年满（　　）的劳动者。

A. 未满十六周岁　　　　　　B. 未满十七周岁

C. 未满十八周岁　　　　　　D. 十六周岁未满十八周岁

129. 被吊销许可证的食品生产经营者及其法定代表人、直接负责的主管人员和其他直接责任人员自处罚决定作出之日起（　　）内不得申请食品生产经营许可。

A. 三年　　　　　　B. 四年　　　　　　C. 五年　　　　　　D. 六年

130. 消费者和经营者发生消费者权益争议的，可以通过（　　）途径解决。

A. 与经营者协商和解；请求消费者协会或依法成立的其他调解组织调解

B. 向有关行政部门投诉

C. 根据与经营者达成的仲裁协议提请仲裁机构仲裁；向人民法院提起诉讼

D. 以上都是

二、多项选择题

131. 对职业道德品质的含义错误的理解是（　　）。

A. 职业观念、职业技能和职业良心

B. 职业良心、职业技能和职业自豪感

C. 职业良心、职业观念和职业自豪感

D. 职业观念、职业服务和受教育的程度

132. 遵守职业道德的必要性和作用，不体现在（　　）。

A. 促进茶艺从业人员发展，与提高道德修养无关

B. 促进个人道德修养的提高，与促进行风建设无关

C. 促进行业良好风尚建设，与个人修养无关

D. 促进个人道德修养、行风建设和事业发展

133. 茶在发展过程中，人们给它起了很多雅号表示对茶的喜爱，如（　　）。

A. 苦口师　　　　B. 涤烦子　　　　C. 馀甘氏　　　　D. 舜诧

134. 关于饮茶起源的3种假说分别是（　　）。

A. 禅修起源说　　B. 饮用起源说　　C. 药用起源说　　D. 食用起源说

135. 六大茶类中，在明末清初开始出现并流行的是（　　）。

A. 红茶　　　　　B. 白茶　　　　　C. 乌龙茶　　　　D. 黑茶

136. 点茶法存在了很长时间，历经（　　）几个朝代。

A. 唐代　　　　　B. 宋代　　　　　C. 元代　　　　　D. 明代

137. 南宋审安老人的《茶具图赞》所记载的茶具"十二先生"，其中用来粉碎茶叶的是（　　）。

A. 石转运　　　　B. 胡员外　　　　C. 木待制　　　　D. 金法曹

138. 有（　　）情形，劳动合同自然终止。

A. 劳动合同期满的

B. 劳动者开始依法享受基本养老保险待遇的

C. 劳动者死亡，或者被人民法院宣告死亡或者宣告失踪的

D. 劳动者生病或工伤，暂时不能工作

139. 关于云南白族的"三道茶"，错误的说法是（　　）。

A. 一苦二回味三甜　　　　　　　　B. 一甜二苦三回味

C. 一甜二回味三苦　　　　　　　　D. 一苦二甜三回味

140. 茶叶中的蛋白质不属于（　　）。

A. 完全蛋白质　　B. 半完全蛋白质　　C. 不完全蛋白质　　D. 球蛋白

141. 自古以来，人们对于煮茶泡茶的水都比较讲究，下列宜茶的水有（　　）。

A. 扬子江南零水　　B. 虎丘寺石泉水　　C. 玉泉山水　　　D. 城市景观水

142. 下列属于唐代著名茶具生产地的是（　　）。

A. 汝窑　　　　　B. 越窑　　　　　C. 邢窑　　　　　D. 湖田窑

143. 茶多酚对人体有多种保健效果，包括（　　）。

A. 防龋作用　　　B. 增强免疫功能　　C. 抑菌作用　　　D. 利尿作用

144. 茶黄素类是多酚类物质氧化形成的一系列化合物的总称，是（　　）。

A. 红茶汤色"亮"的主要成分

B. 滋味强度和鲜度的重要成分

C. 形成茶汤"金圈"的主要成分

D. 强度和厚度的主要成分

145. 在中国茶种的基础上，日本培育出自己的品种，主要是（　　）。

A. 薮北种　　　　　B. 丰绿种　　　　　C. 鸠坑种　　　　　D. 紫阳种

146. 据分析，鲜叶中的维生素以维生素 C 含量最多，其对人体的生理功能，（　　）是正确的。

A. 促进体内抗体形成，促进铁的吸收

B. 促进胶原蛋白的合成

C. 清除机体自由基，在一定程度上预防癌症

D. 抗氧化，是最重要和最有效的抗氧化剂

147. 茶叶中的多酚类物质主要由（　　）组成。

A. 黄酮类化合物　　B. 花青素　　　　　C. 酚酸　　　　　　D. 儿茶素

148. 明代的紫砂名家是（　　）。

A. 邵大亨　　　　　B. 时大彬　　　　　C. 时鹏　　　　　　D. 杨彭年

149. 紫砂泥雅称"富贵土"，主要是（　　）。

A. 紫泥　　　　　　B. 绿泥　　　　　　C. 红泥　　　　　　D. 黄泥

150. 饮茶需要讲究科学，下列做法正确的是（　　）。

A. 以茶醒酒　　　　B. 忌饮冷茶　　　　C. 忌饮夜茶　　　　D. 饮茶要因人而异

三、判断题

151. 职业道德是所有从业人员在活动中应该遵循的基本行为准则，建设良好的道德，对于提高服务质量，建立人与人之间的和谐关系，纠正行业的不正之风具有不可替代的作用。（　　）

152. 茶艺师提高技术水平属于真诚守信的基本范畴。（　　）

153. 真诚守信是一种社会公德，它的作用是树立信誉，树立起值得他人信赖的道德形象。（　　）

154. 企业在销售过程中，对待顾客应当一视同仁，不能因为顾客的年龄大小、对茶叶了解程度的多少及经济能力的高低而有差异。（　　）

155. 茶叶的香型类型主要由茶叶品种、鲜叶质地、采制季节及制茶工艺决定。（　　）

156. 西南茶区位于我国西南部，包括云南省、贵州省、四川省，以及西藏自治区东南部，是我国最古老的茶区，是茶树原产地的中心。（　　）

157. 红茶加工过程中的萎凋是失水过程，为揉捻造型作准备。萎凋的方法有室内自然萎凋、日光萎凋和萎凋槽加温萎凋 3 种，日光萎凋一般品质较好。（　　）

158. 北宋流行点茶，茶粉放在茶碗中，用茶筅或茶匙击拂后产生细腻的泡沫。为了更便于观赏茶汤，宋代人比较喜欢用青色的茶盏。（   ）

159. 德化白瓷极莹润，能照见人影，比枢府窑卵白釉有更加明显的乳浊感，给人以温柔甜净之感，所以又称"葱根白"，素有"白如凝脂，素犹积雪"之誉。（   ）

160. 净化水是通过净化器对自来水进行二次终端过滤处理制得，因净化后水中矿物质减少，用净化水泡茶，其茶汤会比较平淡。（   ）

161. 绿茶芽叶细嫩，适合选用玻璃杯茶具冲泡，透过玻璃杯可以近距离欣赏到细嫩的芽叶在水中轻舞，是道不可忽略的风景。（   ）

162. 茶点是佐茶之用，茶点的选择宜油腻、辛辣，在食用时也是宜少不宜多，适可而止便好。（   ）

163. 长期饮浓茶，会导致胃肠功能失调，减弱胃肠对食物中铁的吸收，引起贫血或 B 族维生素缺乏症。（   ）

164. 茶皂素在茶汤中能产生强烈的泡沫，对人体有害。（   ）

165. 茶叶中水溶性维生素包括维生素 C、维生素 B_1、维生素 B_2、维生素 B_3、维生素 B_5、维生素 B_{11} 等。（   ）

166. 一般而言，水溶性灰分含量与茶叶品质呈负相关，鲜叶越幼嫩，水溶性灰分含量越低，茶叶品质越好。（   ）

167. 从茶叶卫生安全等级划分，有机茶高于无公害茶，无公害茶高于绿色食品。（   ）

168. 生产过程中的安全是指不发生工伤事故、职业病、设备设施或财产损失的状况，也就是人员不受伤害、物品不受损失。（   ）

169. 危险源就是危险的根源，如电能、有毒化学物质等，危险源一般分为五类。（   ）

170. 工作人员每日工作结束时，必须清理各茶台和操作间，检查电源及燃气、热源等各种开关是否确实关闭。（   ）

答案部分

一、单项选择题答案

1~5	A	A	C	A	A	6~10	D	A	C	A	A
11~15	D	D	B	D	C	16~20	B	A	C	D	A
21~25	C	C	D	A	B	26~30	C	D	A	B	C
31~35	B	D	D	B	D	36~40	B	D	C	D	C
41~45	D	D	A	B	A	46~50	A	A	B	D	C
51~55	D	A	B	A	C	56~60	D	A	D	A	D
61~65	C	C	C	B	B	66~70	A	D	B	B	D
71~75	B	B	C	B	A	76~80	A	D	A	D	D
81~85	D	C	A	D	D	86~90	B	C	B	A	A
91~95	B	C	C	D	A	96~100	C	C	C	B	B
101~105	A	D	B	D	B	106~110	A	B	C	B	C
111~115	C	D	C	A	D	116~120	A	A	C	D	B
121~125	D	A	B	B	C	126~130	C	A	D	C	D

二、多项选择题答案

131~135	ABD	ABC	ABC	BCD	AD	136~140	ABCD	ACD	ABC	ABC	ACD
141~145	ABC	BC	ABC	ABC	AB	146~150	ABCD	ABCD	BC	ABC	BCD

三、判断题答案

151~155	√	×	√	√	√	156~160	√	×	×	×	×
161~165	√	×	√	×	√	166~170	×	×	√	×	√

参 考 文 献

[1] 人力资源和社会保障部教材办公室. 职业道德［M］. 4 版. 北京：中国劳动社会保障出版社，2020.

[2] 陈宗懋. 中国茶经［M］. 上海：上海文化出版社，1992.

[3] 陈宗懋. 中国茶叶大辞典［M］. 北京：中国轻工业出版社，2012.

[4] 陈彬藩. 中国茶文化经典［M］. 北京：光明日报出版社，1999.

[5] 吴觉农. 茶经述评［M］. 北京：中国农业出版社，2005.

[6] 关剑平. 茶与中国文化［M］. 北京：人民出版社，2001.

[7] 周爱东. 茶艺赏析［M］. 北京：中国纺织出版社，2019.

[8] 艾梅霞. 茶叶之路［M］. 范蓓蕾，郭玮，等译. 北京：中信出版社，2007.

[9] 杨亚军. 评茶员培训教材［M］. 北京：金盾出版社，2019.

[10] 江用文. 中国茶产品加工［M］. 上海：上海科学技术出版社，2011.

[11] 施海根. 中国名茶图谱［M］. 上海：上海文化出版社，2000.

[12] 施兆鹏，刘仲华. 湖南十大名茶［M］. 北京：中国农业出版社，2007.

[13] 张琳洁. 茗鉴清谈：茶叶审评与品鉴［M］. 杭州：浙江大学出版社，2017.

[14] 陈宗懋，俞永明，梁国彪，等. 品茶图鉴［M］. 南京：译林出版社，2012.

[15] 黄柏梓. 中国凤凰茶［M］. 香港：华夏文艺出版社，2016.

[16] 潘玉华. 茶叶加工与审评技术［M］. 厦门：厦门大学出版社，2011.

[17] 扬之水. 新编终朝采蓝：上、下册［M］. 北京：生活·读书·新知三联书店，2017.

[18] 中国硅酸盐学会. 中国陶瓷史［M］. 北京：文物出版社，1982.

[19] 胡小军. 茶具［M］. 杭州：浙江大学出版社，2003.

[20] 周高起，董其昌，司开国，等. 阳羡茗壶系·骨董十三说［M］. 北京：中华书局，2012.

[21] 屠幼英，胡振长. 茶与养生［M］. 杭州：浙江大学出版社，2017.

[22] 杨晓萍. 茶叶营养与功能［M］. 北京：中国轻工业出版社，2017.

[23] 顾谦，陆锦时，叶宝存. 茶叶化学［M］. 合肥：中国科学技术大学出版社，2002.

[24] 谷维恒，潘笑竹. 茶马古道［M］. 北京：中国旅游出版社，2004.

[25] 尹祎，刘仲华. 茶叶标准与法规［M］. 北京：中国轻工业出版社，2021.

[26] 周爱东. 唐代煮茶容器的名称、形制与功用考［J］. 美食研究，2019，36（2）：13-17.

[27] 周爱东. 茶与食物的搭配［J］. 扬州大学烹饪学报，2007（3）：11-16.

[28] 刘枫. 新茶经［M］. 北京：中央文献出版社，2015.